信息素养文库·高等学校信息技术系列课程规划教材

Visual FoxPro程序设计教程

主　编　金春霞　化　莉
副主编　许超俊　王兰芳　王留洋
主　审　单启成

南京大学出版社

内容提要

本书以 Visual FoxPro 6.0 为主要内容,介绍了关系数据库系统的基础理论及其开发方法。以基于数据库的应用能力培养为主要目标,面向应用型教学需求,重点突出基础性和应用性。按照"理论+ 实践"的思想关联知识,以一个简单的教学管理系统开发示例为主线贯穿全书,将 Visual FoxPro 的基础理论和应用有机结合。全书共 10 章,内容包括数据库基础知识、Visual FoxPro 语言基础、数据库与数据表的创建和使用、查询和视图、SQL 结构化查询语言、程序设计基础、面向对象基础与表单设计、报表、菜单设计及应用以及应用程序的开发等内容。本书配套实验教程,提供大量的实验内容,通过实验巩固所学的知识。

本书可作为高等院校本科生的教材以及教学参考书,也可作为"全国计算机等级考试二级 Visual Fox-Pro"的培训和自学用书。

图书在版编目(CIP)数据

Visual FoxPro 程序设计教程 / 金春霞, 化莉主编
. 一 南京:南京大学出版社, 2016.2(2018.7 重印)
(信息素养文库)
高等学校信息技术系列课程规划教材
ISBN 978 - 7 - 305 - 16413 - 2

Ⅰ. ①V… Ⅱ. ①金… ②化… Ⅲ. ①关系数据库系统
一程序设计一高等学校一教材 Ⅳ. ①TP311.138

中国版本图书馆 CIP 数据核字(2016)第 009902 号

出版发行　南京大学出版社
社　　址　南京市汉口路 22 号　　　　邮　编　210093
出版人　金鑫荣
丛 书 名　信息素养文库·高等学校信息技术系列课程规划教材
书　　名　Visual FoxPro 程序设计教程
主　　编　金春霞　化　莉
责任编辑　陈亚明　王南雁　　　　编辑热线　025 - 83597482
照　　排　南京南琳图文制作有限公司
印　　刷　虎彩印艺股份有限公司
开　　本　787×960　1/16　印张 16　字数 340 千
版　　次　2016 年 2 月第 1 版　2018 年 7 月第 2 次印刷
ISBN 978 - 7 - 305 - 16413 - 2
定　　价　32.80 元

网址:http://www.njupco.com
官方微博:http://weibo.com/njupco
官方微信号:njupress
销售咨询热线:(025) 83594756

前　言

Visual FoxPro 关系数据库是新一代小型数据库管理系统的杰出代表，它不仅具有强大的功能、完善而又丰富的工具，较高的处理速度、友好界面以及完备兼容性等特点，而且作为掌握后台数据库操作技能，前台开发界面设计，都是一个很好的开发工具。

本书从数据库的基础知识出发，以循序渐进的方式讲解与数据库有关的基础知识和基本概念、数据类型、变量和常量、数据库基本知识、查询和视图、关系数据库标准语言 SQL、面向过程的程序设计、面向对象程序设计、表单、报表、菜单以及数据库应用系统开发案例等知识。内容的组织和编排主要是按照数据库知识的连贯性和可理解性进行。全书知识编排合理，安排了大量的实例方便理解和掌握知识的运用。书后附录提供了本书实例中所使用的数据库中的相关数据表。

本书内容翔实、图文并茂、深入浅出，通俗易懂。在理论讲解过程中，配有大量的实例，通过这些实例的分析和操作，使读者在理解、消化所学知识的基础上，掌握数据库应用系统的开发方法。各章后均附有习题，用于学生检验所学知识。同时为了方便教学及读者进一步理解和掌握 Visual FoxPro 程序设计的应用和开发，编写了一本《Visual FoxPro 程序设计实验教程》，该书所编写的实验内容是按照"Visual FoxPro 程序设计"课程教学循序渐进的方式而进行编写的，通过实验巩固所学的知识，能为课程的学习起到很好的帮助作用。

本书由金春霞、化莉任主编，许超俊、王兰芳、王留洋任副主编。

本书在编写过程中，"Visual FoxPro 程序设计"课程组的老师们对教材的编写提出了建设性的意见，同时也得到了很多同行专家、老师的支持和帮助，尤其是单启成教授对全书进行了审稿，提出了许多宝贵的意见，在此表示由衷感谢。

由于时间仓促及作者水平有限，书中难免出现一些疏漏或者错误，恳请同行和广大读者提出宝贵意见。

联系邮箱：jcxbzn@163.com

编　者

2015 年 12 月

目 录

第1章 Visual FoxPro 数据库基础知识

数据库技术是现代信息科学与技术的重要组成部分,是计算机数据处理与信息管理系统的核心。随着数据容量的急剧增长和内容的迅速变化,建立满足信息处理要求的行之有效的数据管理系统已成为各行各业生存和发展的重要条件,因此数据库技术得到了越来越广泛的应用。它主要研究如何科学地组织和存储数据、高效地获取和处理数据,并可以为用户提供及时、准确、相关的信息,满足用户各种不同的需求。Visual FoxPro 是目前微型计算机上优秀的数据库管理软件之一,它采用了可视化的、面向对象的程序设计方法,大大简化了应用系统的开发过程,并提高了系统的紧凑性和模块性。

本章主要介绍数据管理的发展、数据库系统的组成、数据模型、关系模型理论知识和 Visual FoxPro 6.0 开发环境及其配置。

1.1 数据管理技术的发展

数据管理技术的发展是和计算机技术及其应用的发展联系在一起的,经历了由低级到高级的发展过程。

1.1.1 数据与数据处理

1. 信息与数据

现代社会是信息的社会,信息以惊人的速度增长,因此,如何有效地组织和利用它们成为急需解决的问题。数据库系统的目的就是为了高效地管理及共享大量的信息,而信息与数据是分不开的。

信息是关于现实世界事物的存在方式或运动状态反映的综合。信息是客观存在的,人类有意识地对信息进行采集并加工、传递,从而形成了各种信息、情报、指令、数据及信号等。例如,对于教师基本情况来说,某教师的工号是 A0001,姓名是王海,性别是男,年龄是 30 岁,所在院系是人文学院等,这些都是关于某位教师的具体信息,是该教师当前存在状态的反映。

数据是用来记录信息的可识别的符号,是信息的具体表现形式。例如,上面提到的描述某位教师的信息,可用一组数据"A0001、王海、男、30、人文学院"表示。由于这些符号在此已被赋予了特定的语义,因此具有传递信息的功能。一般认为,数据是指所有能输入到计算机并被计算机程序处理的符号的总称。

信息与数据二者之间既有区别又有联系。信息是经过加工处理并对人类社会实践和生产活动产生决策影响的数据。不经过加工处理的数据只是一种原始材料,其价值只能记录客观世界的事实,只有经过加工和提炼,原始数据才能发生质的变化,给人们以新的知识和智慧。因此,也可以说,数据是原材料,信息是产品,信息是数据的含义。

2. 数据处理与数据管理

数据处理是指从某些已知的数据出发,推导加工出一些新的数据,这些新的数据又表示了新的信息。例如,某省全体高考学生各门课程成绩按从高到低的顺序进行排序、统计各分数段人数等,进而可以根据招生人数确定录取分数线。数据处理技术的发展及其应用的广度和深度,极大地影响着人类社会发展的进程。

数据管理是指对数据的收集、组织、存储、检索和维护等操作,是数据处理的中心环节。其主要目的是提高数据的独立性、共享性、安全性和完整性,降低数据的冗余度,以便人们能够方便而充分地利用这些信息资源。

1.1.2 数据管理发展的三个阶段

计算机硬件、系统软件发展和计算机应用范围不断扩大是促使数据管理技术发展的主要因素。随着信息技术的发展,数据管理经历了人工管理、文件管理和数据库管理三个阶段。

1. 人工管理阶段

20 世纪 50 年代中期之前,计算机主要用于科学计算,当时硬件中的外部存储器只有磁带、卡片和纸带等,还没有磁盘等直接存取存储设备。软件也处于初级阶段,只有汇编语言,没有操作系统(OS)和管理数据的软件,用户只能在裸机上直接操作。

这一阶段的数据管理有以下几个特点:

(1) 数据不能长期保存;

(2) 数据和应用程序不具有独立性;

(3) 数据不具有共享性,冗余度高。

2. 文件管理阶段

在 20 世纪 50 年代后期至 60 年代中期,计算机不仅用于科学计算,还用于信息管理。随着数据量的增加,数据的存储、检索和维护问题成为紧迫的需要,数据结构和数据管理技术迅速发展起来。此时,外部存储器已有磁盘、磁鼓等直接存取存储设备。软件领域出现了高级语言和操作系统。操作系统中的文件系统是专门管理外存的数据管理软件。数据处理的方式有批处理,也有联机实时处理。

这一阶段的数据管理方式有以下特点:

（1）数据文件可以长期保存；

（2）数据和应用程序具有一定的独立性；

（3）由文件系统管理数据。

文件管理阶段是数据管理技术发展中的一个重要阶段。在这一阶段中，得到充分发展的数据结构和算法丰富了计算机科学，为数据管理技术的进一步发展打下了基础。

3．数据库系统阶段

在 20 世纪 60 年代末，磁盘技术取得了重要进展，具有数百兆容量和快速存取的磁盘陆续进入市场，成本也不高。同时，计算机应用规模更加庞大、数据量急剧增加，为数据库技术的产生提供了良好的物质条件。数据库系统克服了文件系统的缺陷，提供了对数据更高级更有效的管理。

数据库系统阶段的数据管理方式具有以下特点：

（1）采用特定的数据模型表示数据结构。在数据库系统中，对数据进行结构化处理，即采用统一的数据模型，将数据组织为一个整体；不仅数据内部是结构化，而且整体也是结构化，能较好的反映现实世界中各实体间的联系。

（2）实现了数据共享，减少了数据冗余。大量的数据不再为某一个应用程序服务，而是为多个应用程序服务。数据库中相同的数据不会多次重复出现，数据冗余度大大降低，不仅能大大节约存储空间，还能够避免数据之间的不相容性与不一致性。

（3）数据具有较高的独立性。即数据的组织和存储与应用程序之间互不依赖、彼此独立。

（4）有一定的控制功能。在数据库系统中，由一种称为数据库管理系统（Database Management System，简称 DBMS）的系统软件来对数据进行统一的控制和管理。

1.2　数据库系统

数据库系统（DataBase System，简称 DBS）是为适应数据处理需要而发展起来的一种较为理想数据处理的核心机构。它是一个实际可运行的存储、维护和应用系统提供数据的软件系统，是存储介质、处理对象和管理系统的集合体。

1.2.1　数据库系统的组成

数据库系统是指在计算机系统中引入数据库后的系统，一般由数据库、数据库管理系统、数据库开发工具、数据库应用系统、数据库管理员以及用户构成。

1．数据库

数据库（DataBase，简称 DB）是指长期存储在计算机内、有组织的、统一管理的相关数据的集合。数据库能为各种用户共享,具有较小的数据冗余度、数据间联系紧密而又有较高的数据独立性等特点。

2. 数据库管理系统

数据库管理系统(DBMS)是对数据进行统一管理与控制的系统软件,是为用户或应用程序提供访问数据库的方法,包括数据库的建立、查询、更新及各种数据控制。数据库系统各类用户对数据库的各种操作请求,都是由数据库管理系统来完成的,因此它是数据库系统的核心软件。

数据库管理系统的主要功能有以下五个方面:

(1) 数据库的定义功能:DBMS 提供数据定义语言(Data Definition Language,简称 DDL)定义数据库的三级结构、两级映像,定义数据的完整性、保密限制等约束。

(2) 数据库的操纵功能:DBMS 提供数据操纵语言(Data Manipulation Language,简称 DML)实现对数据的查询、插入、更新和删除等基本操作。

(3) 数据库事务管理和运行管理:DBMS 提供数据控制语言(Data Control Language,简称 DCL)实现对数据库的安全性保护、完整性检查、并发控制以及数据库恢复等数据控制功能。

(4) 数据库的建立和维护功能。

(5) 数据字典:数据库系统中存放三级结构定义的数据库称为数据字典(Data Dictionary,简称 DD)。对数据库的操作都是通过 DD 才能实现。DD 中还存放数据库运行时的统计信息,例如记录个数、访问次数等。

3. 数据库系统所需人员

开发、管理和使用数据库系统的人员包括:数据库管理员(DataBase Administrator,简称 DBA)、系统分析员和数据库设计人员、应用程序员和终端用户。

(1) 数据库管理员

DBA 是指数据库和 DBMS 进行管理的一个或一组人员,负责全面管理和控制数据库系统。

(2) 系统分析员和数据库设计人员

系统分析员负责应用系统的需求分析和规范说明,需要和用户及 DBA 相结合,确定系统的硬件和软件配置,并参与数据库系统的概要设计。

数据库设计人员负责数据库中数据的确定、数据库各级模式的设计。数据库设计人员必须参加用户需求调查和系统分析,然后进行数据库设计。在很多情况下,数据库设计人员就由数据库管理员担任。

(3) 应用程序员

应用程序员负责设计和编写应用系统的程序模块,并进行调试和安装。

(4) 终端用户

这里是指最终用户。最终用户通过应用系统的用户接口使用数据库。常用的接口方式有浏览器、菜单驱动、表格操作、图形显示、报表书写等。

注意：数据库、数据库管理系统、数据库系统是三个不同的概念。数据库强调的是相互关联的数据；数据库管理系统强调的是管理数据库的系统软件；而数据库系统强调的是基于数据库技术的计算机系统。

1.2.2 数据库系统体系结构

数据库系统产品很多，虽然它们建立于不同的操作系统之上，支持不同的数据模型，采用不同的数据库语言，但它们在体系结构上通常都具有相同的特征，即采用三级模式结构。它包括外模式、概念模式和内模式。为了实现这三个抽象级别的联系和转换，数据库系统还提供了外模式与概念模式、概念模式与内模式的两级映像，如图1.1所示。

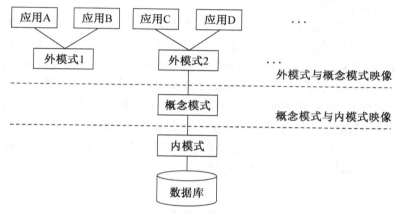

图 1.1 数据库系统的三级模式结构

1. 概念模式

概念模式又称为模式或逻辑模式，是数据库中全部数据逻辑结构和特征的描述，是所有用户的公共数据视图。一个数据库只有一个概念模式，通常以某种数据模型为基础，综合地考虑所有用户的需求，并将这些需求有机地结合成一个逻辑整体。

定义概念模式一方面要定义数据的逻辑结构，例如数据记录由哪些数据项构成，数据项的名称、类型、取值范围等；另一方面还要定义数据项之间的联系，定义数据记录之间的联系以及定义数据的完整性、安全性等要求。

2. 外模式

外模式又称为子模式或用户模式，是用户与数据库系统的接口，是用户能够看见和使用局部数据逻辑结构和特征的描述，是与某一应用有关的数据的逻辑表示，也是数据库用户的数据视图，即用户视图。

可见，外模式是概念模式的子集，一个数据库可以有多个外模式。由于不同用户的需求可能不同,因此不同用户对应的外模式的描述也可能相应地不相同。另外,同一外模式也可以为某一用户的多个应用系统所使用。

外模式是保证数据库安全性的一个有力措施,每个用户只能看见和访问所对应的外模式中的数据,数据库中的其余数据是不可见的。

3. 内模式

内模式也称为存储模式或物理模式,是对数据物理结构和存储方式的描述,是数据在数据库内部的表示方式,一个数据库只有一个内模式。内模式是数据库最低一级的逻辑描述,它定义所有内部数据类型、索引和文件的组织方式以及数据控制等方面的细节。

4. 两级映像

为了能够在内部实现数据库的三个抽象层次的联系和转换,数据库管理系统在这三级模式之间提供了两层映像。

外模式/概念模式映像:对于每一个外模式,数据库系统都有一个外模式/模式映像,它定义了该外模式与概念模式之间的对应关系。当概念模式发生改变时(如增加新的关系、新的属性或改变属性的数据类型等),只要对各外模式/概念模式映像做相应的改变,就可以使外模式保持不变,从而不必修改应用程序,保证了数据与程序的逻辑独立性。

概念模式/内模式映像:该映像是唯一的,它定义了数据库的全局逻辑结构与存储结构之间的对应关系。当数据库的存储结构发生改变时(如数据库选用了另一种存储结构),此时只需对概念模式/内模式映射做相应的改变,就可以使概念模式保持不变,从而应用程序也不必修改,保证了数据与程序的物理独立性。

1.3 数据模型

计算机不能直接处理现实世界中的客观事物,所以人们必须事先将客观事物进行抽象、组织成为计算机最终能处理的某一数据库管理系统支持的数据模型。

1.3.1 数据处理的三个阶段

人们把客观存在的事物以数据的形式存储到计算机中,经历了对现实生活中事物特性的认识、概念化到计算机数据库里的具体表示的逐级抽象过程,这就需要进行两级抽象,即首先把现实世界转换为概念世界,然后将概念世界转换为某一个数据库管理系统所支持的数据模型,即现实世界、概念世界、数据世界三个阶段。有时也将概念世界称为信息世界,将数据世界称为机器世界,其抽象过程如图 1.2 所示。

数据模型是现实世界中数据特征的抽象,它表现为一些相关数据组织的集合。在实施数据处理的不同阶段,需要使用不同的数据抽象,即采用不同的数据模型。通常,根据实际

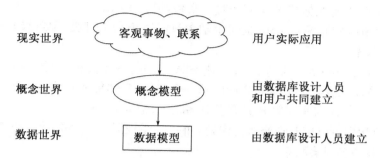

图 1.2　现实世界到数据世界的抽象过程

问题的需要和应用目的不同,有三种层面上的数据模型:概念模型、逻辑模型和物理模型。

1. 概念模型

概念模型,也称信息模型。它是对现实世界的认识和抽象描述,是按用户的观点对数据和信息进行建模,不考虑在计算机和数据库管理系统上的具体实现,因此与具体 DBMS 无关。

概念模型的表示方法很多,其中最著名的是 P.P.S.Chen 于 1976 年提出的实体—联系方法。该方法用 E－R 图来描述现实世界的概念模型,E－R 方法也称 E－R 模型。它包含三要素:实体、属性和联系。

(1) 实体(Entity)

实体是指客观存在并可相互区别的事物。它可以是具体的对象,例如一本书,一名学生等。也可以是抽象的对象,例如一次借书,一份订单等。把具有相同性质的同类实体的集合称为实体集。例如全部学生构成一个实体集。

(2) 属性(Attribute)

实体通常有若干特征,每一个特征称为一个属性。属性刻画了实体在某方面的特性。例如学生实体的属性可以有学号、姓名、年龄、性别等。

(3) 联系

现实世界的客观事物之间是有联系的,即各实体集之间是有联系的。例如,学生和课程之间存在选课联系,教师和学生之间存在讲授联系。

两个实体集之间的联系一般有以下三种类型:

① 一对一联系(1∶1)。如果对于实体集 A 中的任一实体,实体集 B 中至多有一个(也可以没有)实体与之联系,反之亦然,则称实体集 A 与实体集 B 具有一对一联系,记为 1∶1。

例如,学校里面,一个班级只有一个正班长,而一个班长只在一个班中任职,则班级与班长之间的联系就是一对一联系。

② 一对多联系(1∶n)。如果对于实体集 A 中的任一实体,实体集 B 中有 n 个实体(n≥1)与之联系,反之,对于实体集 B 中的每一个实体,实体集 A 中至多只有一个实体与之

联系,则称实体集 A 与实体集 B 具有一对多联系,记为 1∶n。

例如,一个班级中有多名学生,而每个学生只能属于一个班级,则班级与学生之间的联系就是一对多联系。

③ 多对多联系(m∶n)。如果对于实体集 A 中的每一个实体,实体集 B 中有 n 个实体(n≥1)与之联系;反之,对于实体集 B 中的每一个实体,实体集 A 中也有 m 个实体(m≥1)与之联系,则称实体集 A 与实体集 B 具有多对多联系,记为 m∶n。

例如,一位学生可以同时选修多门课程,而一门课程同时有多名学生选修,则学生与课程之间的联系就是多对多联系。

由定义可知,一对一联系是一对多联系的特例,而一对多联系又是多对多联系的特例。

(4) E-R 图

E-R 图是用一种直观的图形方式建立现实世界中实体与联系模型的工具。在 E-R 图中用矩形表示现实世界中的实体,用椭圆形表示实体的属性,用菱形表示实体间的联系,实体名、属性名和联系名分别写在相应的图形框内,并用无向线段将各框连接起来。

例如,有一个简单的学生选课数据库,包含学生、课程和教师三类实体,其中一位学生可以选修多门课程,每门课程也可以有多位学生选修,一名教师可以担任多门课程的讲授,而一门课程只允许一名教师讲授。则该数据库系统的概念模型如图 1.3 的 E-R 图所示。

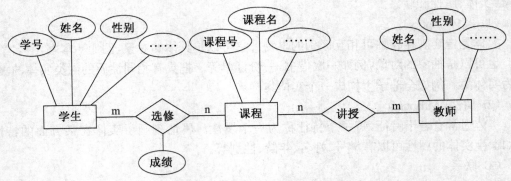

图 1.3   学生选课数据库系统的 E-R 图

概念模型反映了实体之间的联系,独立于具体的数据库管理系统所支持的数据模型,是各种数据模型的共同基础。

2. 逻辑模型

逻辑模型,也称结构数据模型,其特征是按计算机系统的观点对数据建模,服务于DBMS 的应用实现。因此它对应于数据世界的模型,是数据库中实体及其联系的抽象描述。在数据库系统中,传统的逻辑模型有层次模型、网状模型和关系模型三种。

3．物理模型

物理模型用于描述数据在物理存储介质上的组织结构,与具体的数据库管理系统、操作系统和计算机硬件都有关系,是物理层次上的数据模型。

从概念模型到逻辑模型的转换是由数据库设计人员完成的,从逻辑模型到物理模型的转换是由数据库管理系统完成的,因此一般人员不必考虑物理实现的细节。

1.3.2　关系模型

关系模型是目前比较流行的一种数据模型。自 20 世纪 80 年代以来,计算机厂商推出的数据库管理系统几乎都支持关系模型。关系模型是用规范化的二维表来表示实体及其相互之间的联系。每个关系均有一个名字,称为关系名。每一行称为关系的一个元组,每一列称为一个属性。

1．关系模式

每个关系都有一个模式,称为关系模式,由一个关系名及其所有属性名构成。例如学生实体的关系如表 1.1 所示。

表 1.1　学生表(student)

学号	姓名	性别	学院代号	籍贯	出生日期
3062106101	王丽丽	女	21	江苏苏州	08/14/88
3062106102	张晖	男	21	北京	04/28/88
3062106103	钟金辉	男	21	重庆	07/12/88
3062106108	于小兰	女	21	江苏苏州	10/10/88
1061101201	黄新	男	11	江苏苏州	09/22/88
1061101202	许方敏	女	11	江苏无锡	03/28/88

关系模式是对关系“型”的描述,通常表示为:关系名(属性 1,属性 2,…,属性 n)。例如学生表(student)和选课表(Sscore)的关系模式分别为:

student(学号,姓名,性别,学院代号,籍贯,出生日期)

sscore(学号,课程代号,成绩)

在关系模型中,要求关系必须是规范化的,即关系要满足规范条件。因此关系具有以下性质:

(1) 关系可以看成由行和列组成的二维表格,它表示的是一个实体集合。

(2) 表中的一行称为一个元组,用来表示实体集中的一个实体。

(3) 表中的列称为属性,表中的属性名不能相同,即不同的属性必须有不同的名字。

(4) 列的取值范围称为域,同列具有相同的域。

(5) 关系中不允许出现相同的元组。

(6) 关系中所有属性都是原子的,即每个分量必须是不可分的数据项。

(7) 行的顺序和列的顺序是任意的。

2. 关键字

在关系数据库中,关键字是关系模型的一个重要概念,通常由一个或几个属性组成,有如下几种关键字:

(1) 超关键字

在一个关系中,能唯一标识元组的属性或属性集称为关系的超关键字,超关键字不一定是最精简的。

(2) 候选关键字

如果一个属性集能唯一标识元组,且又不含有多余的属性,那么这个属性集称为关系的候选关键字。例如 sscore 关系包含属性:学号、课程号和成绩,关系中不包含补考信息,其中属性集(学号,课程号)为候选关键字,删除"学号"或"课程号"任一属性,都无法唯一标识学生选课成绩记录。

(3) 主关键字

若一个关系中有多个候选关键字,则选其中的一个为关系的主关键字。用主关键字实现关系定义中"表中任意两行(元组)不能相同"的约束。例如,学生信息表中的学号能唯一标识每一位学生,通常将属性"学号"设为关系的主关键字。

(4) 外关键字

若一个关系 R 中包含有另一个关系 S 的主关键字所对应的属性组 F,则称 F 为 R 的外关键字。例如,sscore 关系中"学号"属性与 student 关系的主关键字"学号"相对应。因此"学号"属性是 sscore 关系的外关键字。

3. 关系的完整性

数据的完整性是指数据库中的数据在逻辑上的正确性、有效性和相容性。例如,学号是唯一的,性别只能是男或女等。数据完整性是通过定义一系列的完整性约束条件,由 DBMS 负责检查约束条件来实现的。在关系表中,完整性可通过两种方式表现出来:一是对属性取值范围的限定,如学生的成绩不能为负数,一般也不能大于 100;二是对属性值之间相互关系的说明,如属性值相等与否。

关系模型的完整性规则是对关系进行某种规范化了的约束条件。关系模型有三类完整性约束规则:实体完整性、参照完整性和用户定义的完整性。其中实体完整性、参照完整性是关系模型必须满足的完整性约束规则,由关系系统自动支持。用户定义的完整性是应用领域需要遵循的约束条件。

(1) 实体完整性

实体完整性规则:指关系的主属性不能取空值,否则就无法区别和识别元组。根据实体完整性约束,一个关系中不允许存在两类元组:① 无主键值的元组;② 主键值相同的元组。例如,student 关系中不允许出现学号为空值的元组,也不允许出现学号相同的元组。

（2）参照完整性

由于不同关系之间相关属性的取值存在着相互制约。参照完整性约束主要考虑不同关系之间的约束。

参照完整性规则:指被参照关系的主键和参照关系的外键必须定义在同一个域上,并且参照关系的外键的取值只能是以下两种情形之一:① 取空值;② 取被参照关系的主键所取的值。

[例 1.1]　在教学管理系统中包含以下三个关系,各关系的主关键字用下划线表示。

student(学号,姓名,性别,学院代号,籍贯,出生日期,简历,照片)

sscore(学号,课程号,成绩)

course(课程号,课程名,学分,课程性质,考试方式,开设学院代号)

则 student 和 course 是被参照关系,sscore 是参照关系。由参照完整性规则可知:sscore 关系中的"学号"属性与 student 关系中的主关键字"学号"必须定义在同一个域上,sscore 关系中的"课程号"属性与 course 关系中的主关键字"课程号"必须定义在同一个域上。在 sscore 关系中,学号、课程号都是主属性,因此学号只能取在 student 关系中出现的学号值,课程号只能取在 course 关系中出现的课程号值。

（3）用户定义的完整性

根据应用环境,不同的数据库系统往往还有一些特殊的约束条件。用户定义完整性规则就是针对数据的具体内容定义的数据约束条件,并提供检验机制。这些约束条件反映了具体应用所涉及的数据必须满足的应用语义要求。例如,定义 student 中学号必须由数字字符构成,并且限制特定的长度。

1.3.3　关系代数

关系代数是一种抽象的查询语言,是关系数据操纵语言的一种传统表达方式。它是用对关系的运算来表达查询的,其运算对象是关系,运算结果也是关系。关系代数的运算可分为两类:一类是传统的集合运算,包括并、交、差等;另一类是专门的关系运算。

在数据库系统中专门的关系运算是为数据库的应用而引进的特殊运算,其中包括选择、投影、连接。

1. 选择

选择运算是根据一定的条件在给定的关系 R 中选取若干个元组,组成一个新关系。选择运算实际上是从关系 R 中选取使逻辑表达式为真的元组,是从行的角度对关系进行的操作。

[例 1.2]　从 student 关系中查询来自"江苏苏州"的所有女学生,就是一种关系的选择运算,其运算结果如表 1.2 所示。

表 1.2 选择运算示例结果

学号	姓名	性别	学院代号	籍贯	出生日期
3062106101	王丽丽	女	21	江苏苏州	08/14/88
3062106108	于小兰	女	21	江苏苏州	10/10/88
1061101201	黄新	男	11	江苏苏州	09/22/88

2. 投影

投影运算是从关系 R 中选择若干属性列组成新的关系，它是对关系在垂直方向进行的运算，从左向右按照指定的若干属性及顺序取出相应列，删去重复元组。投影运算是从列的角度进行的运算。

[例 1.3] 从 student 关系中查询学生的学号、姓名、性别及籍贯，就是一种关系的投影运算，其运算结果如表 1.3 所示。

表 1.3 投影运算示例结果

学号	姓名	性别	籍贯
3062106101	王丽丽	女	江苏苏州
3062106102	张晖	男	北京
3062106103	钟金辉	男	重庆
3062106108	于小兰	女	江苏苏州
1061101201	黄新	男	江苏苏州
1061101202	许方敏	女	江苏无锡

3. 连接

连接运算是根据给定的连接条件将两个关系模式连接成一个新的关系。连接条件中将出现两个关系中的公共属性名或具有相同语义的属性。

[例 1.4] 如表 1.4 为一个关系 R，表 1.5 为一个关系 S，则两个关系 R 与 S 连接后构成新的关系，如表 1.6 所示。

表 1.4 关系 R

学号	姓名	性别	籍贯
3062106101	王丽丽	女	江苏苏州
3062106102	张晖	男	北京

表 1.5　关系 S

学号	课程名	成绩
3062106101	工程制图 2	90
3062106101	CAD/CAM 技术 1	68
3062106102	工程制图 4	70
3062106102	Master CAM 基础设计	75

表 1.6　关系 R 和 S 的连接结果

学号	姓名	性别	籍贯	课程名	成绩
3062106101	王丽丽	女	江苏苏州	工程制图 2	90
3062106101	王丽丽	女	江苏苏州	CAD/CAM 技术 1	68
3062106102	张晖	男	北京	工程制图 4	70
3062106102	张晖	男	北京	Master CAM 基础设计	75

1.4　Visual FoxPro 6.0 概述

1.4.1　Visual FoxPro 的简介

　　Visual FoxPro 是 Microsoft 公司 Visual Studio 系列开发产品(简称 VFP),是在 xBASE 的基础上发展而来的 32 位关系数据库管理系统。它可以运行于 Windows XP、Windows NT 和 Window 7 等平台上,是数据库应用系统开发工具。它的发展历程主要有三个阶段,第一阶段为 DBASE 阶段,第二阶段为 FOXBASE 和 FOXPRO 阶段,第三阶段是 Visual FoxPro 阶段。

　　1995 年微软在 FoxPro 中引入了可视化、面向对象技术,使 FoxPro 进入了面向对象程序设计和可视化编程行列。Visual FoxPro 6.0 作为一个可视化数据库编程的开发工具,提供了强大的可视化设计工具,引入面向对象程序设计思想,支持 OLE 拖放和嵌入活动文档以及直接与项目管理器挂接等功能,它使数据管理和应用程序的开发更加简便。

1.4.2　Visual FoxPro 6.0 用户界面

　　启动 Visual FoxPro 6.0 后,屏幕上显示 Visual FoxPro 6.0 系统环境主窗口,如图 1.4 所示。系统主窗口主要由标题栏、菜单栏、工具栏、屏幕窗口、命令窗口、状态栏等组成。

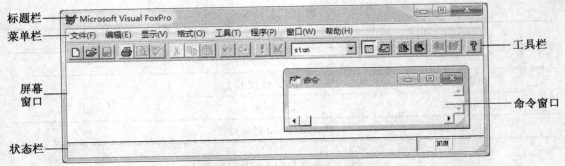

标题栏
菜单栏

屏幕
窗口

状态栏

图 1.4　Visual FoxPro 系统主窗口

标题栏:显示 Visual FoxPro 6.0 的信息。

菜单栏:Visual FoxPro 6.0 菜单栏共有 17 个菜单项,通常在菜单栏显示 7~9 个菜单项。在 Visual FoxPro 初始环境下,显示 8 个菜单项,即"文件""编辑""显示""格式""工具""程序""窗口"和"帮助"菜单。这些菜单提供了 Visual FoxPro 6.0 的各种操作命令。该系统菜单项是一个动态变化的,将会根据操作状态有所增加或减少。

工具栏:Visual FoxPro 提供了十几种工具栏。用户可选择"显示"菜单中的"工具栏"命令来打开"工具栏"对话框,实现工具栏的显示或隐藏,如图1.5 所示。

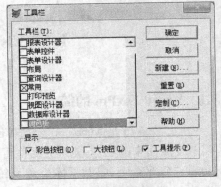

屏幕窗口:是 Visual FoxPro 主界面的空白区域,用于显示数据、命令或程序的运行结果。

命令窗口:是执行、编辑 Visual FoxPro 命令的窗口。

状态栏:位于主窗口的最底部。用于显示当前操作的状态,如数据库、表、记录的当前情况信息。

图 1.5　工具栏

1.4.3　Visual FoxPro 6.0 环境配置

Visual FoxPro6.0 被安装和启动之后,系统中所有的配置都是按默认配置的,如果要调整则需要进行系统设置。

1. 默认目录设置

为了便于管理用户开发的应用系统,应将应用系统文件与系统自带的文件分开存放。操作方法是利用"工具"菜单中的"选项"菜单项,打开"选项"对话框,可在其中设置文件的默认路径,如图 1.6 所示。

也可以通过命令语句设置默认路径,语法格式如下:

```
SET DEFAULT TO [path]
```

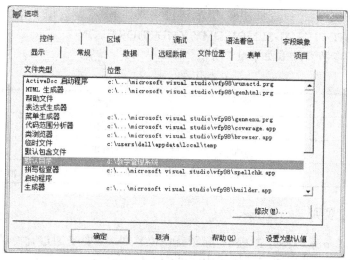

图 1.6　"选项"对话框

例如,将系统默认路径设置为 D 盘根目录下,可在命令窗口执行下列语句:

　　SET DEFAULT TO D:\

2. 区域设置

在 Visual FoxPro 6.0 中,不同的地区,日期、货币等内容的设置格式不同,默认情况下为美国格式。用户使用时可通过"区域"选项卡,重新设置日期、货币等的显示方式。例如,设置日期格式为"年月日",日期分隔符"-",如图 1.7 所示。

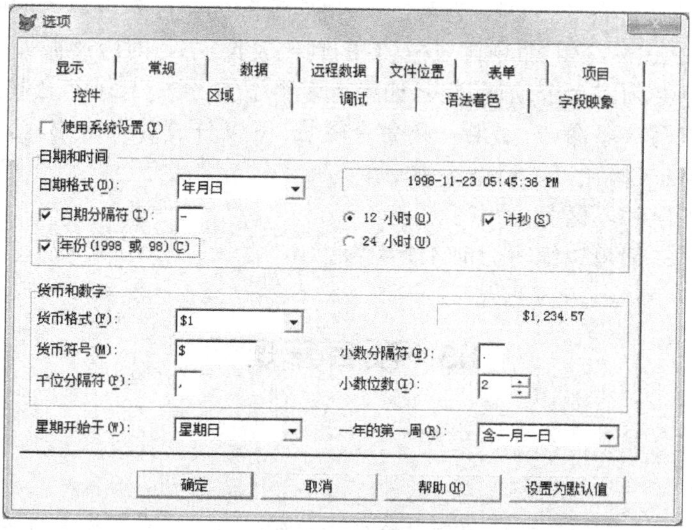

图 1.7　"区域"设置对话框

也可以通过命令语句设置日期格式,其语法格式如下:

    SET DATE [TO] ANSI|MDY|DMY|YMD|SHORT|LONG

其中,相应的参数及格式如表 1.7 所示。

表 1.7　日期显示格式

参数	格式	参数	格式
ANSI	yy.mm.dd	YMD	yy/mm/dd
MDY	mm/dd/yy	SHORT	yyyy－mm－dd
DMY	dd/mm/yy	LONG	yyyy 年 mm 月 dd 日

1.4.4　命令语法规则

在 Visual FoxPro 系统操作过程中,除了菜单操作外,主要是通过命令方式,这些命令都有固定的格式和语法,其语法书写格式中的约定有以下几种:

◆ <>表示必选项,由用户给出具体的值。

◆ []表示可选项,用户根据具体情况决定使用或不使用。

◆ |表示竖线两边的部分只能选择其一。

说明:在实际输入时,不输入"<>、[]、|"这三种符号。

例如,删除文件的 DELETE FILE 命令语句格式如下:

    DELETE FILE [<文件名>|?] [RECYCLE]

如果在命令中指定具体的文件名,表示删除该指定的文件;若没有,可通过"?"来打开对话框选择要删除的文件;RECYCLE 为可选项,决定删除的文件是否放入回收站。

在 Visual FoxPro 中,有的命令比较短、有的则比较长,书写时应遵循如下规则:

（1）任何命令必须以命令动词开头,如果有多个子句,子句与子句之间用空格分隔。

（2）一行只能写一条命令,如果一条命令较长,可以分成若干行书写,在分行处加续行符";",然后按[Enter]键,在下一行继续书写。

（3）命令中的字符不区分大小写。

（4）命令动词一般可以缩写为前 4 个字符。

1.5　项目管理器

1.5.1　创建项目

项目管理器是 VFP 中处理数据和对象的主要组织者,建立一个项目文件可以很方便的组织文件和数据。项目管理器是文件、数据、文档及其他 VFP 对象的集合。

1. 创建项目文件

创建项目文件的步骤如下：

（1）在"文件"菜单中选择"新建"命令或单击工具栏上的"新建"按钮，弹出如图 1.8 所示的对话框。

（2）在"文件类型"区域中选择"项目"单选按钮，然后单击"新建文件"按钮。

（3）在弹出的"创建"对话框中"项目文件"文本框内输入项目名称，如图 1.9 所示。

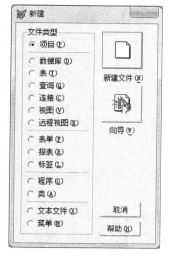

图 1.8　"新建"对话框

图 1.9　"创建"对话框

（4）单击"保存"按钮，Visual FoxPro 将在指定的文件夹中建立一个项目文件。

项目创建后，系统将自动生成两个文件，分别为项目文件（扩展名为.pjx）和项目备注文件（扩展名为.pjt）。

另外，也可以采用命令方式创建项目文件，其语法格式如下：

　　　　CREATE PROJECT <项目文件名>|?

例如，创建一个项目文件 hyit，在命令窗口输入命令：CREATE PROJECT hyit，则系统自动生成 hyit.pjx 和 hyit.pjt 两个文件。

2. 修改项目文件

对于已存在的项目，可以选择"文件"菜单中的"打开"菜单项或单击"常用"工具栏中的"😀"按钮。

也可以采用命令修改项目文件，语法格式如下：

　　　　MODIFY PROJECT <项目文件名>|?

例如,要修改已创建的项目文件 hyit,则在命令窗口输入以下命令:

    MODIFY PROJECT hyit

3．项目管理器选项卡

当项目创建后,系统将自动弹出如图 1.10 所示的项目管理器窗口,它采用树形目录结构显示和管理项目所包含的所有内容。此时,系统菜单栏将自动出现一个"项目"菜单项。

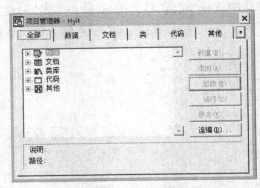

图 1.10　项目管理器窗口

项目管理器窗口由全部、数据、文档、类、代码、其他等 6 个选项卡组成,各选项卡功能如下:

"全部"选项卡用于显示和管理项目包含的所有文件;

"数据"选项卡包含项目中所有的数据文件,如数据库、自由表和查询等;

"文档"选项卡包含显示、输入和输出数据时所涉及的所有文档,如表单、报表和标签等;

"类"选项卡用于显示和管理用户自定义类;

"代码"选项卡用于显示和管理各种程序代码文件,如程序、API 库、应用程序等;

"其他"选项卡用于显示和管理有关菜单文件、文本文件以及图标文件等。

1.5.2　定制项目管理器

与工具栏类似,项目管理器可以移动到屏幕的顶端,即工具栏的位置。如果项目管理器拖放到工具栏位置后,它将被自动折叠,只显示标签。

1．折叠项目管理器

项目管理器窗口的右上角有一个向上箭头按钮,单击该按钮,项目管理器窗口将折入标题列,而此时该按钮变为向下箭头按钮,如图 1.11 所示。如果再次单击该按钮,项目管理器将展开,恢复为折叠前的状态。

图 1.11　项目管理器折叠状态

2. 拆分项目管理器

折叠项目管理器窗口后,可以拆分项目管理器窗口,使其中的选项卡成为独立、浮动的窗口,可以根据需要重新摆放它们的位置。

在折叠后的项目管理器窗口中若选定一个选项卡并拖放,则将它脱离项目管理器,如图 1.12 所示。

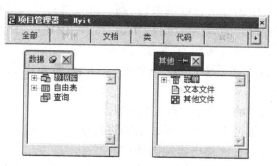

图 1.12　拆分选项卡

3. 移动项目管理器

将项目管理器窗口拖动到屏幕顶端(或双击标题栏),项目管理窗口将以工具栏方式显示,如图 1.13 所示。双击此工具栏空白处,将恢复为默认的项目管理器窗口。

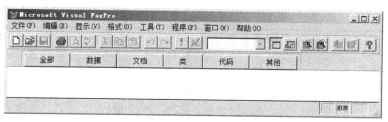

图 1.13　项目管理器工具栏显示方式

1.5.3　使用项目管理器

项目管理器窗口的最右端包含新建、添加、修改、打开、移去和连编 6 个命令按钮。利用这些命令按钮可在项目管理器中添加或移去文件、创建新文件或修改已有的文件、查看表的内容、连编应用程序等。

也可以利用"项目"菜单或快捷菜单进行相应的操作。采用的基本方法是:首先选择某一选项卡,将列表项展开,找到操作对象;然后选择操作对象,再单击窗口中的命令按钮或快捷菜单进行操作。

项目管理器中常用按钮的功能如下：

"新建"按钮：用于创建一个新文件或新对象，其类型与当前选项的类型相同。若使用系统"文件"菜单中的"新建"命令建立文件，所建立的文件不属于当前的项目，可利用"添加"按钮将其添加到项目中。

"添加"按钮：将已有的文件添加到项目中。

"修改"按钮：在项目中选择要修改的文件，则系统自动打开相应的设计器进行修改。

"打开"按钮：选定未打开的数据库文件，单击"打开"按钮，打开选定的数据库文件。当选定的数据库文件打开后，该按钮变为"关闭"按钮。

"浏览"按钮：在项目管理器中，选定一个表（自由表、数据库表或视图），单击"浏览"按钮，以浏览其中的内容。

"运行"按钮：运行选定的查询、表单或程序等。

"预览"按钮：在打印预览方式下显示选定的报表或标签文件内容。

"移去"按钮：将选定的文件移出指定的项目。

"连编"按钮：连编一个项目或应用程序，还可连编一个可执行文件。

1.5.4 Visual FoxPro 的文件类型

Visual FoxPro 6.0 中包含项目、数据库、表、查询、表单、程序、类、菜单等多种类型的文件，表 1.8 列出了一些常用文件类型。

表 1.8 Visual FoxPro 常用的文件类型

文件类型	扩展名	文件类型	扩展名
项目文件	pjx	表单	scx
项目备注	pjt	表单备注	sct
数据库	dbc	表	dbf
数据库备注	dct	表备注	fpt
数据库索引	dcx	表索引	cdx
程序	prg	报表	frx
目标程序	fxp	报表备注	frt
查询	qpr	菜单	mnx
可视类库	vcx	菜单备注	mnt
可视类库备注	vct	菜单程序	mpr
可执行程序	exe	编译后菜单程序	mpx

习　题

一、选择题

1. 从数据库的整体结构看,数据库系统采用的数据模型有_____。

　A. 网状模型、链状模型和层次模型　　　B. 层次模型、网状模型和环状模型

　C. 层次模型、网状模型和关系模型　　　D. 链状模型、关系模型和层次模型

2. 如果一个班只能有一个班长,而且一个班长不能同时担任其他班的班长,班级和班长两个实体之间的关系属于_____。

　A. 1 : 1　　　　　B. 1 : 2　　　　　C. m : n　　　　　D. 1 : m

3. 数据完整性是指_____。

　A. 数据的存储与使用数据的程序无关

　B. 数据的正确性、合理性和一致性

　C. 防止数据被非法使用

　D. 减少系统中不必要的重复数据

4. 以下关于二维表性质的说法不正确的是_____。

　A. 二维表中的每一列均有唯一的字段名

　B. 二维表中不允许出现完全相同的两行

　C. 二维表中的行、列顺序均可交换

　D. 二维表中的记录数、字段数决定了二维表的结构

5. 将 E-R 图转换为关系模式时,实体和联系都可以表示为_____。

　A. 键　　　　　B. 关系　　　　　C. 域　　　　　D. 属性

6. 在 E-R 图中,用来表示实体间联系的图形是_____。

　A. 菱形　　　　　B. 椭圆形　　　　　C. 三角形　　　　　D. 矩形

二、填空题

1. 在数据库系统中专门的关系运算是指_____、_____和_____。

2. 当一张二维表(如 A 表)的主关键字被包含在另外一张二维表(如 B 表)中时,则称 B 表中的该字段为_____关键字。

3. 在关系数据库中,用来表示实体间联系的是_____。

4. 数据库设计中反映用户对数据要求的模式是_____。

5. 一般情况下,当对关系 R 和 S 进行自然连接时,要求 R 和 S 含有一个或者多个共有的_____。

三、简答题

1. 数据库系统由哪几部分构成？其核心是什么？

2. 数据库管理系统支持的数据模型有哪几种？Visual FoxPro 是一种什么数据库管理系统？

3. Visual FoxPro 中的项目管理器有什么功能？

第 2 章　Visual FoxPro 语言基础

Visual FoxPro 是集编程语言和关系数据库为一体的数据库管理系统，具有计算机高级语言的特点和功能，可供用户编制应用程序。而要开发高质量的数据库应用系统，必须熟练掌握它的数据类型、常量、变量、表达式和函数等编程基础。

2.1　数据类型

Visual FoxPro 中的任意数据都有它所属的类型，不同的数据类型决定了不同的存储方式和所能进行的运算。Visual FoxPro 中定义了多种数据类型，表 2.1 列举了 Visual FoxPro 常用的数据类型。

表 2.1　Visual FoxPro 数据类型

类型名称	字母表示	占用字节	范围
数值型	N	内存 8,表中 1~20	−0.9999999999E+19~+0.9999999999E+19
字符型	C	1~254	任意字符
货币型	Y	8	−922337203685477.5808~922337203685477.5807
日期	D	8	01/01/0001~12/31/9999
日期时间型	T	8	01/01/0001 00:00:00 AM~12/31/9999 11:59:59 PM
逻辑型	L	1	.T.或.F.
整型	I	4	−2147483647~+2147483646
浮点型	F	内存 8,表中 1~20	−0.9999999999E+19~+0.9999999999E+19
双精度型	B	8	+/−4.94065645841247E−324~+/−8.9884656743115E−307
备注型	M	4	受可用内存空间限制
通用型	G	4	受可用内存空间限制

以上这些数据类型都可以适用于数据表中的字段，其中数值型、字符型、货币型、日期型、日期时间型、逻辑型、整型、浮点型以及双精度型等还可用于内存变量。

1. 数值型

数值型数据是表示数大小的数据,即由数字 0~9、小数点与正负号组成的整数或小数,其数据类型用符号 N 表示。数值型数据在内存中占 8 个字节,能表示 1~20 位数据。

2. 字符型

字符型数据是由英文字母、汉字或数字等符号组成的一串字符,其数据类型用符号 C 表示。最多可达 254 个字符,其中半角英文字符占一个字节,一个汉字或全角字符占两个字节。

3. 货币型

货币型数据作为一种特殊的数值型数据,用来表示货币值,其数据类型用符号 Y 表示。货币型数据在内存中占 8 个字节。

4. 日期型

日期型数据可表示某一个日期,其数据类型用符号 D 表示。日期型数据的默认格式为 mm/dd/yyyy,其中 mm 代表“月”,dd 代表“日”,yyyy 代表“年”。日期型数据在内存中占 8 个字节。

5. 日期时间型

日期时间型数据用于保存日期和时间,其数据类型用符号 T 表示。日期时间型数据在内存中占 8 个字节,其中前 4 个字节保存日期,后 4 个字节保存时间,分别是时、分、秒。

6. 逻辑型

逻辑型数据用来表示逻辑判断的结果,如:条件成立与否,事物的真或假、是与非等,其数据类型用符号 L 表示。逻辑型数据在内存中占 1 个字节。

7. 整型

整型数据用于存储无小数部分的数值,其数据类型用符号 I 表示,在内存占 4 个字节。该数据以二进制数的形式存储,不像数值型那样需要转换成 ASCII 码存储,可提高程序的性能。

8. 浮点型

浮点型数据与数值型数据完全等价,只是表示形式采用尾数、阶码及字母 E 组成,如:0.1234E-3 表示 0.0001234。

9. 双精度型

双精度型数据是具有更高精度的数值型数据,该类型用符号 B 表示,在内存占 8 个字节。

10. 备注型

备注型通常用于存储数据表中的不定长字符型数据块,数据块的大小取决于用户实际输入的内容。备注型字段中存储的是一个 4 个字节的引用,这个引用指向实际的备注内容。表中所有记录的备注字段数据保存在一个独立的备注文件中,该文件名与表名相同,其扩展名是.FPT。

11. 通用型

通用型通常用于存储数据表中的 OLE 对象。OLE 对象可以是一个电子表格、字处理文档或图像、声音等,通常 OLE 对象由其他应用程序产生。通用型字段与备注型字段一样,存储的也是 4 个字节的引用,同样其数据也存储在备注文件中。

2.2　常量与变量

2.2.1　常量

常量是指在整个程序执行过程中保持不变的数据,在程序操作中不能被修改的数据。常量的数据类型通常有:数值型、字符型、货币型、逻辑型、日期和日期时间型等。不同的数据类型,其常量的表示方法不同。

1. 数值型常量

例如:23、-153 和 123.48 均是数值型常量。在 Visual FoxPro 中也可以用科学计数法表示数值型常量,例如,2.34E+4 表示 2.34×10^4,即 23400。

2. 字符型常量

字符型常量也称为字符串,是用定界符括起来的一串字符。定界符可以是单引号('')、双引号(" ")或方括号([ ])中的一种,但必须成对使用。在输入定界符的过程中必须注意是在半角状态下输入,否则会报错。

例如,'我是学生'、"I Study VFP"和[男]都是字符型常量。

需要注意的是定界符本身不作为字符型常量的内容,如果某种定界符是字符串中的内容时,则必须用另一种定界符作为标志,例如,'老师说:"明天交作业"'、["Windows"操作]。

还有一些特殊的字符串,如空串与空格串。空串是指不包含任何字符的串,如:"",其长度为 0。而空格串是指由空格组成的字符串,如:"　",其长度由包含的空格个数来决定。

说明:字符串长度是指字符串中所包含字符的个数,其中 1 个半角字符长度为 1,1 个汉字或全角字符长度为 2。例如,字符串"What is 计算机"的长度为 14。

3. 货币型常量

货币型常量是在数值前加货币符号$,如:$12.34。

货币型数据在存储和计算时,系统自动保留 4 位小数,小数部分多于 4 位时四舍五入,少于 4 位时自动补零。如:$123.456789 将自动存储为$123.4568。

4. 日期型常量

日期型常量用一对大括号"{ }"括起来,其中包含年、月、日三部分内容,各部分内容之间可以用斜杠(/)、连字号(-)、小数点(.)或空格进行分隔,例如:{^2015/3/1}、{^2015 - 3 - 1}、{^2015.3.1}、{^2015 3 1}都表示 2015 年 3 月 1 号。

日期型数据通常有传统和严格两种格式:

① 传统日期格式:如美语日期格式 {mm/dd/yy}。传统的日期格式受 SET DATE、SET MARK、SET CENTURY 等命令设置的影响。

② 严格日期格式为:{^yyyy-mm-dd}或{^yyyy/mm/dd}。用符号"^"作为严格日期数据的开始符号,它不受 SET DATE、SET MARK、SET CENTURY 等命令设置的影响,在任何情况下都表示唯一确切的日期。

通常严格日期格式可通过以下命令进行检查:

语法格式:SET STRICTDATE TO [0|1|2]

说明:

    0　表示不进行严格日期格式检查

    1　表示进行严格日期格式检查

    2　表示进行严格的日期格式检查,并对 CTOD()和 DTOC()函数的格式也有效。

如下例进行日期检查:

```
SET STRICTDATE TO 0              && 设置为传统日期格式
? {11.10.01}                     && 显示结果为 11/10/01
SET STRICTDATE TO 1              && 设置为只接收严格日期格式
? {^2015/04/01}                  && 显示结果为 15/04/01
? {15.04.01}                     && 出现"错误提示",如图 2.1 所示
```

图 2.1　"日期格式无效"提示对话框

说明:在本例中使用的"?"是输出语句,用于输出内存变量、常量或表达式的值。

5. 日期时间型常量

例如:{^2015/3/1 10:18:25}表示 2015 年 3 月 1 日 10 时 18 分 25 秒

6. 逻辑型常量

逻辑型常量用.T.、.t.、.Y.或.y.表示真;用.F.、.f.、.N.或.n.表示假。

除了数值型常量,其余 5 种类型常量都有不同的定界符表示,相同的数据加上不同的定界符就会变成不同的数据类型常量,例如,4578 为数值常量,而"4578"为字符常量。

2.2.2 变量

变量是在程序运行过程中其值可以发生改变的量。与常量一样,除了通用型和备注型数据外,其他的数据类型都有对应的变量。在 Visual FoxPro 中变量分为内存变量和字段变量两种。

1. 变量命名规则

变量名是用来标识变量的符号,每一个变量都有一个名称,变量在命名时应该遵循如下规则:

(1) 只能由字母、汉字、数字和下划线组成,且不能以数字开头。例如,Wer( )、22qq、we-23都不是合法的变量名。

(2) 变量名的长度为 1~128 个字符,每个汉字为 2 个字符。

(3) 尽量避免使用 Visual FoxPro 的保留字,防止误解、混淆。例如 CLEAR 为清除屏幕内容的保留字,则不能作为变量名。

(4) 在 Visual FoxPro 中变量的命名是不区分大、小写的。

说明:如果是自由表的字段名、数据表的索引标识名,其长度不能超过 10 个字符。

2. 内存变量

内存变量是指内存空间中的一个临时存储单元,其存储单元用变量名来标识。通常用于存放命令或程序执行的中间结果数据。内存变量分为简单内存变量、数组变量两种。

在 Visual FoxPro 中,内存变量是通过变量的赋值自动完成变量的定义。

内存变量的赋值有以下两种方法:

(1) 赋值运算符"="

语法格式:<内存变量名>=<表达式>

功能:将表达式的值赋给内存变量。

[例 2.1]   在命令窗口执行以下命令语句:

    a=3   && 定义了一个变量 a,并赋值为 3
    ? a   && 输出变量 a 的值为 3

(2) STORE 语句

语法格式:STORE <表达式> TO <内存变量名 1>[,<内存变量名 2>|…]

功能:将表达式的值赋给内存变量 1、内存变量 2 等。

[例 2.2]   在命令窗口执行以下命令语句:

    STORE "计算" TO x,y,z   && 定义了三个变量 x,y,z
    ? x,y,z   && 显示结果为"计算 计算 计算"

说明:STORE 语句可以将相同的值同时赋给不同的内存变量。

从以上例子可以看出,赋值运算符"="一次只能给一个变量赋值,而 STORE 语句可以实现用一条语句给多个内存变量赋值,其中多个内存变量之间用逗号","分隔。

3. 内存变量的类型

在 Visual FoxPro 中,内存变量的类型由其值来决定,如执行下列赋值语句,可以指定变量的类型。

[例 2.3]   在命令窗口执行以下语句:

```
x=23                              && 变量 x 为数值型
y="vfp"                           && 变量 y 为字符型
z={^2015－02－01}                  && 变量 z 为日期型
```

4. 数组变量

数组是指按一定顺序排列的一组内存变量,数组中的每个内存变量称为数组元素,每个数组元素可以存放一个值,即一个数组变量可存放多个值。一般情况下,根据数组下标编号的维数将数组分为一维数组、二维数组等。

数组在使用前要先声明,其语法格式如下:

DECLARE|DIMENSION|PUBLIC|LOCAL <数组名>(行数[,列数])

说明:

(1) 使用 DECLARE 和 DIMENSION 声明的数组属于私有数组,用 PUBLIC 声明的数组为全局数组,用 LOCAL 声明的数组为局部数组。

(2) 行数和列数决定了数组的维数和数组元素的存储空间大小。

(3) 每个数组元素通过数组名和下标来访问。

例如:定义一个一维数组。

DECLARE data1(6)

执行该语句后,系统自动定义了一个一维数组,数组名为 data1,共有 6 个存储单元,分别为 data1(1)、data1(2)、data1(3)、data1(4)、data1(5)、data1(6)。

若要定义二维数组,则在命令窗口可执行以下语句:

DIMENSION data2(2,2)

执行该语句后,系统自动定义了一个数组名为 data2 的二维数组,共有 4 个存储单元,分别为 data2(1,1)、data2(1,2)、data2(2,1)、data2(2,2)。

数组在使用时要注意如下特点:

(1) 在建立数组后,数组各个元素的初始值均为逻辑值.F.。

(2) 同一数组的各个数组元素的数据类型可以不相同,它们的类型由其值来决定。

(3) 在给数组变量赋值时,如果未指明下标,则对该数组中所有数组元素同时赋予同一个值。

(4) 数组名出现在表达式中,表示引用数组的第一个数组元素。

[例 2.4]   执行下列语句:

```
DIMENSION    x(5)                  && 定义一维数组 x
? x(1)                             && 显示结果为.F.
x=5
? x(1)                             && 显示结果为 5
x(2)="奥运会"
? x(2)                             && 显示结果为奥运会
DIMENSION    b(2,2)                && 定义二维数组 b
b(1,2)=x
? b(1,2)                           && 显示结果为 5
```

5. 字段变量

字段变量是指将数据表中的字段名作为变量。利用字段变量可获得数据表中指定属性列中的任何一个数据项,其值为当前记录中该字段的值。

需要注意的是字段变量和内存变量可以同名,但是字段变量具有更高的优先级。如果要访问同名的内存变量,则需要使用"m."或"m->"作为前缀进行标识。

[例 2.5]　设有数据表 course,其中包含 ccode 字段,并且当前记录指针数据显示如图 2.2 所示。若在命令窗口执行下列语句:

	Ccode	Cname
	1111012	工程制图2
	1111013	工程制图4
▶	1111280	CAD/CAM技术1
	1111620	Master CAM基础设计

图 2.2　数据表浏览窗口

```
STORE "计算机" TO ccode
? ccode                            && 显示结果为 1111280
? m.ccode                          && 显示结果为计算机
```

本例中,因字段变量的优先级高于内存变量,因此默认访问字段变量的值,即当前指针所指向的值,而访问内存变量的值时需使用前缀。

6. 变量的作用域

变量的作用域是指变量使用的有效范围。在 VFP 中变量的作用域一般分为 LOCAL、PRIVATE、PUBLIC 等三种类型,如表 2.2 所示。

表 2.2　变量的作用域

变量类型	声明方式	特点
局部变量	LOCAL	只能在定义的函数或过程中访问，其他过程或函数不能访问此变量的数据。当其所属程序停止运行时，局部变量将被释放。
私有变量	PRIVATE	该类型变量是变量的默认类型。调用程序中定义的 PRIVATE 类型变量和数组在当前程序中隐藏起来，用户可以在当前程序中重新使用和这些变量同名的变量，而不影响调用程序中的同名变量。
公共变量	PUBLIC	可使用全局变量在多个过程或函数之间共享数据，在命令窗口中创建的任何变量自动具有全局属性。

2.3　运算符与表达式

运算符是用于表示数据间进行何种运算的符号。使用运算符将运算对象（数据）连接起来的式子称为表达式。

2.3.1　运算符

在 Visual FoxPro 中根据运算符操作的数据类型可以分为算术运算符、字符运算符、日期运算符、关系运算符以及逻辑运算符五种类型。

1. 算术运算符

算术运算符主要用于对数值类型数据执行各种算术运算，其中包括+、-、*、/、%、**或^等运算符，如表 2.3 所示。

表 2.3　算术运算符及运算规则

运算符	功能说明	优先级	算术表达式	运算结果
-	负号	1	-5**2	25
**或^	乘方	2	2^3 或 2**3	8
*	乘	3	2*3	6
/	除		8/2	4
%	求余		7%3	1
+	加	4	3+2	5
-	减		6-2	4

在上述算术运算符中,除"%"运算符外,其余几个运算符的含义与数学中基本相同。"%"运算符称为"求模运算"。其运算规则是:若两个操作数为相同符号,则运算结果为第一个数除以第二个数的余数;若这两个操作数为不同符号时,其运算结果为第一个数除以第二个数的余数再加上第二个数。

[例 2.6]　输出以下表达式的值:

? 8% 3, -8% -3	&& 显示结果为 2　　-2
? 8% -3, -8% 3	&& 显示结果为-1　1

2. 字符运算符

字符运算符主要用于字符类型数据的运算,其中包括+、-、$等运算符,如表 2.4 所示。

表 2.4　字符运算符及运算规则

字符运算符	功能说明	优先级	字符表达式	运算结果
+	字符串连接运算,即将两个字符串连接在一起形成一个新的字符串。	1	"www.　"+"edu.cn"	"www.　edu.cn"
-			"www.　"-"edu.cn"	"www.edu.cn　"
$	判断运算符左边的字符串是否包含在右边字符串中。	2	"男" $"男女"	.T.

说明:"+"运算符是直接将两字符串连接,而"-"运算符规则是在前一个字符串尾部有空格时,先将这些空格移至后一个字符串末尾,再连接两个字符串。

3. 日期运算符

日期运算符主要用于日期和日期时间类型数据的运算,其中包括+、-等运算符,如表 2.5 所示。

表 2.5　日期运算符及运算规则

运算符	功能说明	日期(日期时间)表达式	运算结果
+	日期或日期时间与整数相加,返回日期或日期时间	{^2015 - 05 - 06}+2	{^2015 - 05 - 08}
		{^2015 - 05 - 06 9:10:20}+200	{^2015.05.06 9:13:40}
-	两个日期或日期时间相减,返回两个日期相距的天数或日期时间相差的秒数	{^2015 - 05 - 06}-{^2015 - 05 - 04}	2(天数)
		{^2015 - 05 - 06 10:10:20}-{^2015 - 05 - 06 9:10:20}	3600(秒)
	日期或日期时间与整数相减,返回一个新的日期或日期时间	{^2015 - 05 - 06}-2	{^2015 - 05 - 04}
		{^2015 - 05 - 06 9:10:20}-200	{^2015.05.06 9:07:00}

4. 关系运算符

关系运算符主要用于关系运算，如表 2.6 所示。

表 2.6　关系运算符及运算规则

运算符	功能说明	关系表达式	运算结果
>	大于	2>3	.F.
<	小于	.T.<.F.	.F.
<>、!=或#	不等于	'丁'<>'于'	.T.
==	字符精确相等	'Abc'=='Ab'	.F.
>=或=>	大于或等于	{^2007 - 10 - 2}>={^2007 - 10 - 1}	.T.
<=或=<	小于或等于	2<=3	.T.
=	等于	'章'='张'	.F.

在关系运算中要求进行运算的数据类型必须一致，其运算结果为逻辑值。比较时应注意以下运算规则：

（1）数值型数据按大小进行比较。例如，表达式 4>5 的运算结果是.F.。

（2）日期及日期时间型数据比较时，较后的日期（时间）大于较前的日期（时间）。

（3）若两个字符串比较时，则"从左向右"按其对应的字符排列顺序进行比较。如果第一个字符相同，则比较第二个字符，以此类推，直到出现不同的字符。

字符的排序序列决定两个字符串的大小。在 Visual FoxPro 中提供了三种排序方式：Pinyin（拼音）、Machine（机内码）和 Stroke（笔划），系统默认为 PinYin。

① Pinyin（拼音）

排列顺序：'<空格>'<'0'<'1'…<'9'<'a'<'A'<'b'<'B'…<'y'<'Y'<'z'<'Z'<'<汉字>'，汉字按拼音顺序由小到大排列。

② Machine（机内码）

按机内码由小到大顺序：空格、数字字符、大写字母、小写字母、一级汉字（按拼音顺序）、二级汉字（按笔画排列）。

③ Stroke（笔划）

排列顺序：'<空格>'<'0'<'1'…<'9'<'a'<'A'<'b'<'B'…<'y'<'Y'<'z'<'Z'<'<汉字>'，汉字按书写笔划的多少排序，笔划少的汉字小。

[例 2.7]　输出以下表达式的值：

　　? "A"<"a", "A"<"B"　　　　　　　　　　&& 显示结果为.F.、.T.

　　? 'A'<'计算机', "计算机"<"程序设计"　　&& 显示结果为.T.、.F.

　　SET COLLATE TO 'Machine'

? "0"<"A", "A"<"a"　　　　　　　　　　&& 显示结果为.T.、.T.

　　SET COLLATE TO 'Stroke '

　　?"计算机"<"程序设计"　　　　　　　　　&& 显示结果为.T.

　　当使用单等号运算符"="比较两个字符串时,其结果与 SET EXACT ON/OFF 命令的设置有关,系统默认为 SET EXACT OFF。在默认状态下,将"="右边的字符串与左边字符串从左向右一一进行比较,直到右边字符串的最后一个字符。如果左边字符串包含右边字符串,则结果为.T.,否则为.F.当设置为 SET EXACT ON 时,如果两边的字符串长度不一致,则首先在短的字符串后面添加空格使两个字符串长度相等,然后再一一进行比较,若两个字符串对应位置的字符都相等,则结果为.T.,否则为.F.。

　　[例 2.8]　输出以下表达式的值:

　　? "ABCD"="AB"　　　　　　　　　　　&& 显示结果为.T.

　　? "AB"="ABCD"　　　　　　　　　　　&& 显示结果为.F.

　　? "AB"="AB　　"　　　　　　　　　　&& 显示结果为.F.

　　SET EXACT ON

　　? "ABCD"="AB"　　　　　　　　　　　&& 显示结果为.F.

　　? "AB"="AB　　"　　　　　　　　　　&& 显示结果为.T.

　　5. 逻辑运算符

　　逻辑运算符主要用于逻辑运算,运算结果为逻辑值(.T.或.F.),运算规则如表 2.7 所示。

表 2.7　逻辑运算符及运算规则

逻辑运算符	功能说明	优先级	逻辑表达式	运算结果
NOT 或!	逻辑非(取相反的逻辑值)	1	NOT 4<5	.F.
AND	逻辑与(两个条件同时为真,其结果为真)	2	3>4 AND 5<6	.F.
OR	逻辑或(只要一个条件为真,其结果为真)	3	3>4 OR 5<6	.T.

2.3.2　表达式

　　Visual FoxPro 的表达式是用各种运算符将常量、变量和函数等连接而成的式子。表达式的运算结果称为表达式的值,根据表达式值的数据类型可分为算术表达式、字符表达式、日期表达式、关系表达式和逻辑表达式。正确掌握表达式的书写及运算规则是使用表达式的基础。

　　1. 表达式的书写规则

　　(1)表达式从左向右在同一基准并排书写,不能出现上下标。例如,数学中的 x^3 应该写成 x^3 或者 x*x*x。

（2）在数学书写中能省略运算符，但在 Visual FoxPro 中不能省略。例如：3x 必须转换为 3*x 的形式。

（3）各种运算符有优先级别，为保持运算顺序，在书写表达式时需要适当添加圆括号，改变优先级或使表达式更清晰。

例如，已知数学表达式 $4x^2 + \dfrac{3xy}{2+y}$ ，在 VFP 中对应的表达式为：4*x^2+3*x*y/(2+y)。

2. 表达式的运算规则

在 VFP 的同一个表达式中，允许含有多种运算符。计算机按以下先后顺序对表达式求值：算术运算或日期运算或字符运算→关系运算→逻辑运算。如果表达式中带括号的，先计算括号内的值，再计算括号外的值。

[例 2.9] 执行下列语句，输出表达式的值：

    M=5

    N='ABC'

    ? !(M-2)*2>5 OR 'D'+N=='ABC'AND M>3   && 显示结果为.F.

2.4 常用系统函数

在 VFP 中函数作为一种特殊的表达式，可分为系统函数和用户自定义函数。系统函数也称为标准函数，是 VFP 系统预先定义好的函数。每个系统函数实现某个特定的功能，可在任何地方直接调用。常用的系统函数按其功能可分为数值函数、字符函数、日期和时间函数、数据类型转换函数、数据库和表测试函数以及其他函数等。

在程序或命令窗口中使用系统函数称为调用函数。函数调用的语法格式如下：

    <函数名>([<参数列表>])

其中，函数名是系统规定的名称；函数的参数可以是常量、变量或表达式，若有多个参数，参数之间以逗号分隔，参数的个数、排列次序和数据类型都应与系统规定的函数参数相同。

下面介绍几个常用的系统函数，函数中表达式的约定：设 N_x 表示数值型表达式，C_x 表示字符型表达式，D_x 表示日期型表达式，T_x 表示日期时间表达式，L_x 表示逻辑型表达式，E_x 表示一般表达式。其中，x 表示相应类型表达式的出现顺序，如 N1 表示第一个数值型表达式，C2 表示第二个字符型表达式。

2.4.1 数值函数

数值函数用于各种数值运算，其参数和函数返回值都是数值型数据。常用的数值函数如表 2.8 所示。

表 2.8　常用的数值函数

函数名	功能	举例	结　果
ABS(<N1>)	求 N1 的绝对值	ABS(-3.5)	3.5
MIN(<N1>,<N2>[,<N3>…])	返回各表达式中的最小值	MIN(4,5)	4
MAX(<N1>,<N2>[,<N3>…])	返回各表达式中的最大值	MAX(4,5)	5
INT(<N1>)	返回 N1 的整数部分	INT(3.5)	3
CEILING(<N1>)	返回大于或等于 N1 的最小整数	CEILING(2.8)	3
FLOOR(<N1>)	返回小于或等于 N1 的最大整数	FLOOR (2.8)	2
ROUND(<N1>,<N2>)	将 N1 四舍五入,保留 N2 位小数	ROUND(3.1419,3)	3.142
MOD(<N1>,<N2>)	求 N1 除以 N2 的余数	MOD(4,3)	1
SQRT(<N1>)	求 N1 的平方根	SQRT(4)	2
RAND([N1])	产生随机数	RAND()	0~1 之间的数

说明:

(1) MOD()函数的运算规则与数值运算符"%"运算规则相同。

(2) 在 ROUND(<N1>,<N2>)函数中,当 N2 为正整数时,表示小数部分被四舍五入的位数;当 N2 为负整数时,表示整数部分被四舍五入的位数。例如 ROUND(125.4,-1)的值为 130。

(3) 在 VFP 中可利用 INT()函数和 RAND()函数配合使用生成指定范围的整数,如生成[M,N]区间随机整数的表达式为 INT(RAND()*(N-M+1))+M。

例如,生成一个两位正整数的表达式为 INT(RAND()*90)+10,即[10,99]区间的随机数。

2.4.2　字符函数

字符函数用于实现字符串的各种运算。常用的字符函数如表 2.9 所示。

表 2.9　常用的字符函数

函数名	功能	举例	结　果
UPPER(<C1>)	将 C1 中小写字母转换成大写字母	UPPER("abc")	"ABC"
LOWER(<C1>)	将 C1 中大写字母转换成小写字母	LOWER("ABC")	"abc"
LEN(<C1>)	求字符串 C1 的长度	LEN("abc")	3
AT(<C1>,<C2>[,<N1>])	在字符串 C2 中查找字符串 C1,如果存在,返回第 N1 次出现的起始位置;如果不存在,则返回 0。ATC 函数同 AT 函数,但不区分大小写,N1 默认为 1。	AT("b", "abcb",2)	4
		AT("b", "aBcb")	4
ATC(<C1>,<C2>[,<N1>])		ATC("B", "abcb")	2

函数名	功能	举例	结果
SUBSTR<C1>,<N1>[,<N2>])	从 C1 字符串中第 N1 个字符起取 N2 个字符;若 N2 缺省,则从 C1 字符串中取第 N1 个字符开始的所有字符	SUBSTR("abcd",2,2)	"bc"
		SUBSTR("abcd",2)	"bcd"
RIGHT(<C1>,<N1>)	从 C1 字符串的右边取 N1 个字符	RIGHT("计算机",2)	"机"
LEFT(<C1>,<N1>)	从 C1 字符串的左边取 N1 个字符	LEFT("abc",2)	"ab"
SPACE(<N1>)	生成 N1 个空格	"a"+SPACE(2)+"b"	"a b"
TRIM(<C1>)	消除字符串 C1 尾部空格	TRIM("abc ")+"d"	"abcd"
ALLTRIM(<C1>)	消除字符串 C1 首尾空格	ALLTRIM(" bc ")+"d"	"bcd"
STUFF(<C1>,<N1>,<N2>,<C2>)	用字符串 C2 替换 C1 中第 N1 位置开始的 N2 个字符	STUFF("Visual", 2,5, "FP")	"VFP"
LIKE(<C1>,<C2>)	如果字符串 C1 和字符串 C2 匹配,则返回值为.T.,否则为.F.	LIKE("Visual","Vis")	.F.

2.4.3　日期和时间函数

日期和时间函数用于处理日期型和日期时间型数据的函数。常用的日期和时间函数如表 2.10 所示。

表 2.10　常用的日期和时间函数

函数名	功能	举例	结　果
DATE()	返回系统当前日期	DATE()	{2015/05/01}
DATETIME()	返回系统当前日期和时间	DATETIME()	2015/05/01 15:29:27 PM
TIME()	返回系统当前时间	TIME()	15:29:27
YEAR (<D1>|<T1>)	返回 D1 或 T1 的年份	YEAR({^2014/11/2})	2014
MONTH (<D1>|<T1>)	返回 D1 或 T1 的月份	MONTH({^2014/11/2})	11
DAY (<D1>|<T1>)	返回 D1 或 T1 所对应月份中的第几号	DAY({^2014/11/2})	2
DOW (<D1>|<T1>)	返回 D1 或 T1 的日期是一周内的第几天	DOW({^2014/11/2})	1

2.4.4　数据类型转换函数

数据类型转换函数用于实现不同类型数据的转换。常用的数据类型转换函数如表 2.11 所示。

表 2.11　常用的数据类型转换函数

函数名	功能	举例	结　果
STR(<N1>[,<N2>] [,<N3>])	将数值 N1 转换成长度为 N2 的字符串，N3 指定结果中小数的位数（多余位四舍五入），N2 缺省为 10，N3 缺省为 0	STR(15.26)	"　　　　15"
		STR(15.26,4,1)	"15.3"
VAL(<C1>)	将数字字符串 C1 转换为数值	VAL("15")	15.00
ASC(<C1>)	取 C1 中第一个字符的 ASCII 码值	ASC("Abc")	65
CHR(<N1>)	将 ASCII 码值转换成字符	CHR(65)	"A"
DTOC(<D1>[,1])	将 D1 转换为 mm/dd/yy 的字符串；若有参数 1，则转换为 yyyymmdd 的格式	DTOC({^2014/11/2})	"11/02/14"
		DTOC({^2014/11/2},1)	"20141102"
CTOD(<C1>)	将日期格式的字符串 C1 转换为日期	CTOD("2014/11/2")	{2014/11/2}

说明：

（1）在 STR(<N1>[,<N2>][,<N3>])函数中，若无 N2，则转换后的字符串长度为 10，若实际数值超出 10 位，采用科学计数法，否则在转换后的字符串前用空格补全 10 位。转换后的字符串长度 L 应为 N1 的整数位数加上小数位数，再加 1 位小数点，若为负数还要再加 1 位负号。若 N2=0，则结果为空串；若 N2>L，则在转换后的字符串前补上空格；若 N2>=N1 的整数部分位数（负数包括负号）但又 N2<L，则优先满足整数部分而自动调整小数位数；若 N2< N1 的整数部分位数（负数包括负号），则返回含有 N2 个"*"号的字符串。

例如，下列表达式的值为：

```
? STR(12345678909.45)          && 显示结果为" 1.234E+10"
? STR(12345.45)                && 显示结果为"      12345"
? STR(123.45,5,1)              && 显示结果为"123.5"
? STR(123.45,0)                && 显示结果为""
? STR(123.45,3,1)              && 显示结果为"123"
? STR(12345.4,3,1)             && 显示结果为"***"
```

（2）VaL(<C1>)函数是将字符串 C1 从左向右依次处理，直到遇到非数字字符或不能作为一个数处理的字符为止；若首字符不是数字字符，则返回 0，转换结果默认取两位小数。

例如，下列表达式的值为：

```
    ? VAL("123ABC")              && 显示结果为 123.00
    ? VAL("12E2")                && 显示结果为 1200.00
    ? VAL("ABC123")              && 显示结果为 0.00
```

2.4.5　数据库和表测试函数

数据库和表测试函数用于对数据库和表操作的函数。常用的测试函数如表 2.12 所示。

表 2.12　常用的数据库和表测试函数

函数名	功　能
RECNO()	测试当前记录指针所在的位置
BOF()	测试记录开始标志,当记录指针指向开始标志时,函数值为.T.
EOF()	测试记录结束标志,当记录指针指向结束标志时,函数值为.T.
RECCOUNT()	测试当前表的记录个数
FOUND()	测试查找是否成功。如果 CONTINUE、LOCATE 或 SEEK 命令成功,函数返回值为.T.
SELECT()	测试工作区号,一般格式为:SELECT(0|<表的别名>),其中参数 0 用于返回当前工作区号;表的别名用于返回被打开的表所在的工作区号
USED()	测试一张表的别名是否被使用,或在指定的工作区中是否有表打开,一般格式为:USED(<工作区号>|<表的别名>)。缺省时,测试当前工作区是否有表打开
DBC()	返回当前打开的数据库的完整文件名
DELETED()	测试当前表的当前记录是否带有删除标记

2.4.6　宏替换函数

在 VFP 中,使用宏替换函数处理数据可以提高程序的通用性及灵活性。宏替换的语法格式如下:

&<字符型内存变量>[.]

功能:用字符型内存变量的值替换整个宏替换函数所在的位置。若宏替换函数是命令中最后一项或其后有分隔符(如空格、运算符号或逗号等),则宏替换函数末尾的圆点"."可以省略。利用宏替换函数可以构造表达式,用于替换常量、变量、表达式以及命令等。

（1）替换常量

X="VFP 程序设计"

? "学习 &X"　　　　　　　　　　　　　&& 显示结果为学习 VFP 程序设计

（2）替换变量

XH1="202"

```
        N="1"
        ? XH&N                          && 显示结果为 202
（3）替换表达式
        X="2"
        ? 1+&X*3                        && 显示结果为 7
        Y="3/"
        ? &Y.&X                         && 显示结果为 1.50
        M=2+4
        Z="M"
        ? &Z                            && 显示结果为 6
（4）替换文件名
        BM="teacher"
        Use &BM                         && 打开 teacher 数据表
（5）替换一条命令
        X="? INT(3.4)"
        &X                              && 等同于执行命令：? INT(3.4)
```

2.4.7　其他函数

除了上述六类函数外，在程序设计中还有一些常用的函数，如表 2.13 所示。

表 2.13　其他函数

函数名	功能	举例	结　果
IIF(<L1>,<E1>,<E2>)	根据 L1 表达式的真假，分别返回 E1 和 E2 的值	IIF(5>4,"A","B")	"A"
BETWEEN(<E1>,<E2>,<E3>)	判断 E1 是否在 E2 和 E3 之间	BETWEEN(3,7,9)	.F.
FILE(<C1>)	测试是否存在指定的文件	FILE("D:abc.dbf")	若存在返回.T.，否则为.F.
TYPE(<C1>)	测试用字符串表示的表达式 C1 的数据类型	TYPE("DATE()")	D
VARTYPE(<E1>)	测试表达式 E1 的数据类型	VARTYPE(DATE())	D
ISNULL(<E1>)	判断 E1 是否为.NULL.值	ISNULL(.NULL.)	.T.
EMPTY(<E1>)	测试 E1 是否为"空"值	EMPTY(0)	.T.

说明：

（1）TYPE()和 VARTYPE()函数都返回一个表示数据类型的大写字母。函数返回值为字符型。函数返回的大写字母的含义如表 2.14 所示。

表 2.14　TYPE()和 VARTYPE()函数返回值的数据类型

返回字母	数据类型	返回字母	数据类型
C	字符型或备注型	G	通用型
N	数值型、整型、浮点型、双精度型	D	日期型
Y	货币型	T	日期时间型
L	逻辑型	X	NULL 值
O	对象型	U	未定义

（2）ISNULL(<E1>)函数用于测试 E1 是否为.NULL.（空值），其中.NULL.表示未确定的值，即没有任何值。空值不同于 0、空字符串、空格等。

（3）在 EMPTY(<E1>)函数中，若 E1 是数值 0、逻辑.F.、空日期、空格、空串、回车以及换行都被当成"空"值。

例如，下列表达式的值为：

    ? EMPTY(" ")　　　　　　　　　　&& 显示结果为.T.

    ? EMPTY({//})　　　　　　　　　　&& 显示结果为.T.

习　题

一、选择题

1. 在 VFP 中货币型数据和日期型数据的宽度都是_____。

    A. 2 个字节　　　　B. 4 个字节　　　　C. 6 个字节　　　　D. 8 个字节

2. 下列_____不是常量。

    A. [abc]　　　　　B. T　　　　　　C. {2015 - 02 - 03}　　D. "vfp"

3. 下列选项中，不能作为 VFP 中变量名的是_____。

    A. 5abc　　　　　B. _pab　　　　　C. stu　　　　　　D. ef34

4. 使用 DECLARE A(2,4)声明数组后，该数组元素的个数为_____。

    A. 2 个　　　　　B. 4 个　　　　　C. 6 个　　　　　D. 8 个

5. 若在 VFP 命令行中键入 AA=02/25/99 后，变量 AA 的类型为_____。

    A. L　　　　　　B. D　　　　　　C. C　　　　　　D. N

6. 使用 DIMENSION 命令声明数组后，各数组元素在没有赋值之前的数据类型是_____。

    A. 数值型   B. 字符型   C. 逻辑型   D. 未定义

7. 下列_____表达式结果为"数据库原理"。

    A. "数据库 "-"原理"   B. "数据库"&"原理"

    C. "数据库"+"原理"   D. "数据库"$"原理"

8. 在下面四组函数运算中，结果相同的是_____。

    A. LEFT("Visual Foxpro",6)与 SUBSTR("Visual Foxpro",1,6)

    B. YEAR(DATE())与 SUBSTR(DTOC(DATE()),7,2)

    C. VARTYPE("36-5*4")与 VARTYPE(36-5*4)

    D. 假设 A="This   ",B="is a string",则 A-B 与 A+B

9. 在 VFP 常用函数中 ROUND(12.5846, 3)函数的值为_____。

    A. 12.585   B. 12.5846   C. 12.6   D. 12.5

10. 在下列表达式中，其值为数值的是_____。

    A. AT("人民", "中华人民共和国")   B. CTOD("01/01/15")

    C. STR(123)   D. SUBSTR(DTOC(DATE()),7)

11. 下列函数中函数值为字符型的是_____。

    A. DATE()   B. TIME()   C. YEAR()   D. MONTH()

12. 已知 M='4', N='6', X46='VFP ',则表达式 X&N&M 的值为_____。

    A. X46   B. XMN

    C. 'VFP '   D. 显示"变量未定义"

13. 执行下列语句后，屏幕显示的结果是_____。

```
CLEAR
x="20"
y="2E-2"
z="ABC"
? VAL(x)+VAL(y)+VAL(z)
```

    A. 22   B. 20.00   C. 20.02   D. 20

14. 执行下面语句后，屏幕显示的结果是_____。

```
SET EXACT OFF
m="   x"
n=IIF("x"=m,"x"-"abc",m+"abc")
? LEN(n), n
```

    A. 1   x   B. 3   abc   C. 7   xabc   D. 4   xabc

二、填空题

1. VFP 中的变量分为_____和字段变量。

2. VFP 中，内存变量名由_____、汉字、数字和下划线组成，且不能以_____开头。

3. 逻辑型常量有两种值，分别是_____和_____。

4. 执行命令 DIMENSION array(3,3)后，array(3,3)的值为_____。

5. 表达式 1-8>7 Or "a"+"b"$"123abc123"的运算结果是_____。

6. 表达式"World WideWorld"$"World"的运算结果是_____。

7. 执行下列语句后，X 的值是_____，Y 的值是_____。

　　　X={^2014-05-06}－{^2014-04-06}

　　　Y=TYPE("X")

　　　? X, Y

8. LEN('学习"VFP6.0"')函数的值是_____。

9. VFP 中 NOT、AND 和 OR 运算符的优先级从高到低依次为_____、_____、

_____。

10. ? STR(1234.5678,7,3)的执行结果是_____。

11. 执行下列命令语句后，屏幕第一行显示结果是_____，第二行是_____，第三行

是_____。

　　　X="2008/10/01"

　　　Y=CTOD("2008/10/01")

　　　? VARTYPE(&X)

　　　? VARTYPE("&X")

　　　? VARTYPE(Y)

12. ? LEFT("123456", LEN("程序"))的执行结果是_____。

13. ? LEN(SPACE(5)-SPACE(2))的执行结果是_____。

14. 执行下列命令，在屏幕上第一行显示结果是_____，第二行是_____。

　　　SET EXACT ON

　　　? "王卫红"="王卫"

　　　? "王卫 "="王卫"

15. 函数 MOD(11,3)和函数 MOD(-11,3)的值分别是_____、_____。

16. 在关系、逻辑和数值运算中，运算级由高到低依次为：_____、_____、

_____。

三、书写表达式

1. b^2-2ac

2. $10\div(2X^2+6X-3)$

3. 数学式"5≤X<10"表示 X 取值范围的表达式。

4. 已知三条边 a、b、c，则构成三角形必须满足的条件表达式。

第3章　数据库与数据表的创建和使用

　　数据库管理系统是对数据进行存储、管理、处理和维护的系统软件,是现代计算机基础环境中的一个核心部分。一个完善的数据库是数据库管理应用软件的基础。Visual FoxPro提供了可视化的设计器完成数据库和数据表的设计与操作。本章将以教学管理系统为例详细介绍如何创建数据库、数据表以及如何对数据表中记录进行操作。

3.1　数据库设计

　　在开发数据库管理应用系统时,首先要设计数据库,数据库设计的好坏将直接影响后续对数据的使用和数据库应用系统的维护。对于数据库设计一般有以下步骤:

　　(1) 需求分析阶段:需求收集和分析,得到数据字典和数据流图。

　　(2) 概念结构设计阶段:对用户需求综合、归纳与抽象,形成概念模型。

　　(3) 逻辑结构设计阶段:将概念结构转换为具体 DBMS 所支持的数据模型。

　　(4) 数据库物理设计阶段:为逻辑数据模型选取相对适合的物理结构。

3.1.1　数据需求分析

　　数据需求分析是向用户收集信息,明确用户问题的具体要求、处理哪些数据,希望获得什么结果,最后输出哪些数据。根据这些问题,确定在数据库中存储何种数据以及它们之间的关系。目的明确后,再确定需要哪些数据表,这些数据表包括哪些字段。因此数据需求分析是数据库设计的第一步,是其他后续步骤的基础。

　　例如,教学管理系统的主要功能是对教学环节的各种相关数据进行管理,为此要分析与教学环节相关的数据有哪些,如学生的基本情况、讲授学生课程的教师情况、学生学习的课程情况、学生所在的班级情况、学生和教师所在的学院情况等;其次分析该如何处理这些数据以实现系统功能,这些数据之间有什么关联,将这些数据进行分类。例如根据分析,可将教学管理处理的数据划分为学生、教师、课程、学院、班级、考试成绩以及教师授课等数据。

3.1.2　确定数据表

　　数据表是数据库管理的主要对象。在数据库管理应用系统中根据具体功能需求将收集的数据进行分类并分解为多个不同实体,每个实体的相关信息就设计成数据库中的一张数据表。每个数据表表示某类实体的集合。一个数据库中可以包含一个或多个数据表。

例如,"教学管理系统"涉及多个实体,如学生、教师、成绩、课程、班级、学院、教学任务等。每个实体可创建一个数据表,用于存放相关数据。根据第 1 章所讲的知识,可确定这些实体之间存在的联系,如附录 1 列出的八张数据表:student、teacher、sscore、course、sclass、department、instructor 以及 title。图 3.1 就是一个教学管理系统中数据表及数据表之间联系的示意图。

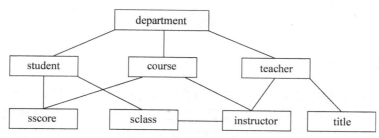

图 3.1　教学管理系统中数据表之间的联系

3.1.3　确定所需字段

数据库中的数据表确定后,还需要进一步确定数据表的结构。每一张数据表就是一个实体的具体信息,每个实体的相关信息是通过属性体现出来,依据实体的属性确定数据表中的字段。根据第 1 章所讲的关系模型的知识,设计数据表中的字段有以下规则:

(1) 数据表中的字段是不可再分解的,可降低数据的冗余度。

(2) 数据表中的字段必须是实体的直接描述,不能包含其他实体的描述。

(3) 数据表中不能包含通过计算或者推导得出的字段。

(4) 每个数据表必须包含主关键字。主关键字由数据表中一个或一组字段构成,用以唯一确定存储在数据表中的记录。

例如,以教学管理系统中"学生"实体为例,如图 3.2 所示列出学生实体的主要属性,根据这些属性确定 student 数据表的字段,字段分别为 stuno(学号)、stuname(姓名)、gender(性别)、depcode(学院代号)、birthplace(籍贯)、birthdate(出生日期)、party(是否党员)、resume(简历)、photo(照片)。在 student 数据表中由于学号能够唯一表示一条记录,故选择 stuno 作为该表的主关键字。同样,依据该方法可以确定其他各数据表的字段,各数据表的结构见附录。

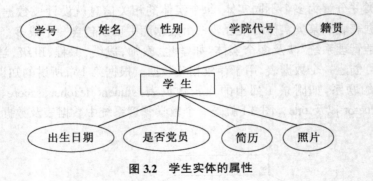

图 3.2　学生实体的属性

3.1.4　确定表间关系

在数据库应用系统中,数据库中的数据表之间通常存在一定的联系。例如,在教学管理系统中如图 3.1 所示数据表间有连线,表示它们之间有关联,如 department 表和 student 表、department 表和 teacher 表之间都有关联。对于有关联的两个数据表,可以定义它们之间的关系,利用这些关系可以查询相应的信息,并为数据的完整性和一致性提供支持。

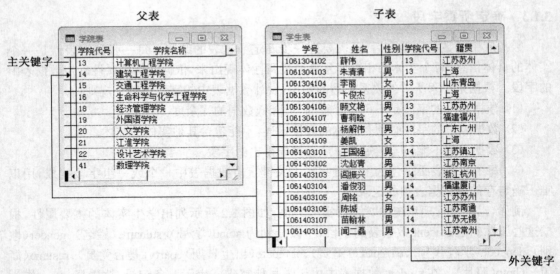

图 3.3　department 表和 student 表之间的一对多关系

如果要建立两个数据表之间的关系,首先要明确这两个数据表到底存在什么关系。第 1 章介绍了概念模型中实体之间的联系有三种类型:一对一关系(1:1)、一对多关系(1:n)和多对多关系(m:n)。

（1）一对一关系在实际应用中不常见。如果两个数据表之间存在一对一关系，可以将两个数据表合并为一个数据表。

（2）一对多的关系是最常见的，也是最常用的关系。例如，department 表和 student 表之间就存在着一对多的关系，department 表中的一个学院有多位学生记录。如图 3.3 所示，学院代号为"14"的学院对应学号为 1061403101、1061403102 等多位学生。在 VFP 中"一"方称为主表或父表，"多"方称为子表。通过主表 department 中的主关键字 depcode（学院代号）和子表 student 中的外关键字 depcode 就可以建立一对多关系。

（3）多对多关系在实际应用中经常出现。例如，student 表和 course 表之间就存在多对多关系。一个学生可以同时选修多门课程，而每一门课程可以被多位学生选修。在 VFP 中，两个数据表不能直接建立联系实现多对多关系，而必须通过第三个数据表来实现，这第三个数据表在两个数据表之间起纽带的作用，故称为"纽带表"。纽带表中分别有两个数据表的主关键字，这两个数据表分别与纽带表建立一对多的联系。

例如，将 sscore 表作为 student 表和 course 表之间的纽带表，sscore 表中有 student 表的主关键字 stuno（学号），又有 course 表的主关键字 ccode（课程代号）。student 表通过主关键字 stuno 与 sscore 表建立一对多关系，course 表通过主关键字 ccode 与 sscore 表建立一对多关系。这样 student 表和 course 表通过 sscore 表实现了多对多关系，如图 3.4 所示。

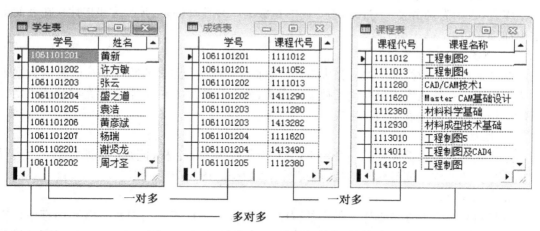

图 3.4　student 表和 sscore 表之间的多对多关系

3.2　数据库的组成

在 VFP 中，数据库是一个逻辑上的概念和手段，通过一组系统文件将相互联系的数据库表及其相关的数据库对象统一组织和管理。用户可以通过数据库来组织数据表、视图,并可以建立数据表间关系、创建存储过程以及访问远程数据源。在 VFP 中数据库包含数据表、本地视图、远程视图、连接和存储过程,如图 3.5 所示。

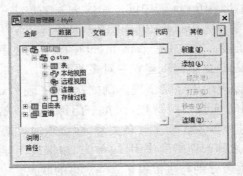

图 3.5　数据库的组成

1.　数据表

数据表是存储数据的实体,是处理数据和建立关系数据库及其应用程序的基本单元。在 VFP 中数据表分为两类:自由表和数据库表。如果数据表依附于某个数据库,则该表为数据库表,否则为自由表。与自由表不同的是数据库表具有许多特性,这些特性将在后面章节中详细介绍。

2.　视图

视图是存储在数据库中的一张虚拟表,简称为虚表。视图中的数据是从已有的数据表中提取出来。在数据库中只存储了视图的定义,而不存储视图的数据,数据是根据视图定义从所引用的各个数据表中动态生成。

3.　连接

连接是保存在数据库中的一个定义,它指定了数据源的名称,该数据源通常是一个远程数据服务器或文件。通过建立连接,可实现远程数据的访问功能。

4.　存储过程

存储过程是存储在数据库文件中的程序代码,在数据库打开时自动加载到内存中。它由一系列用户自定义函数和系统自动创建的函数组成,用于完成特定功能。利用存储过程可以提高数据库的性能,使应用程序更容易管理。

3.3　创建和使用数据库

在 VFP 中每创建一个新的数据库都将在磁盘上生成三个文件:数据库文件(.dbc)、数据库备注文件(.dct)和数据库索引文件(.dcx)。

3.3.1　创建数据库

VFP 中提供多种方式创建数据库,可以在项目管理器中完成,或直接在菜单中完成,也可以使用命令来完成。

1. 在项目管理器中创建数据库

(1) 在项目管理器中选择"数据"选项卡中的"数据库",然后单击项目管理器右侧的"新建"按钮,弹出"新建数据库"对话框,如图 3.6 所示。

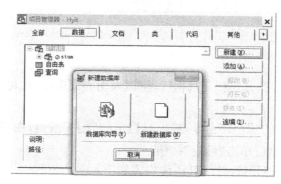

图 3.6　新建数据库

(2) 在"新建数据库"对话框中单击"新建数据库"按钮,然后在打开的"创建"对话框中输入数据库名称(如 stum)后,单击"保存"按钮,系统将自动打开"数据库设计器"窗口,如图 3.7 所示。

图 3.7　"数据库设计器"窗口

此时数据库已创建,并在项目管理器上显示已创建的数据库文件。这种方法创建的数据库会自动添加到项目管理器中去。

2. 在菜单中创建数据库

选择"文件"菜单中的"新建"命令,或者单击工具栏中" "按钮,然后在打开的"新建"

对话框中选择"数据库"单选按钮,同样也可以创建数据库。这种方式建立的数据库不会自动添加到任何项目管理器中去。

　　3. 命令方式创建数据库

　　也可以采用命令方式创建数据库,其语法格式如下:

　　　　CREATE DATABASE [<数据库名>|?]

　　如果创建时未输入数据库名称或使用"?",则会自动弹出"创建"对话框,在该对话框中再输入数据库名称。

　　说明:使用命令方式创建的数据库虽处于打开状态,但数据库设计器并未打开,并且建立的数据库也不会自动添加到任何项目管理器中。

3.3.2　使用数据库

　　1. 打开数据库

　　在 VFP 中提供了多种方式打开数据库,可以采用界面操作,也可以采用命令方式。

　　(1) 通过界面方式

　　选择"文件"菜单中的"打开"命令,或工具栏上的"🖙"按钮,在"打开"对话框中选定需要打开的数据库名称,然后单击"确定"按钮。

　　(2) 采用命令方式打开数据库,其语法格式如下:

　　　　OPEN DATABASE [<数据库名>|?]

　　例如,打开已创建的数据库 stum,可在命令窗口执行以下命令:

　　　　OPEN DATABASE stum

　　也可以通过修改方式打开数据库,其语法格式如下:

　　　　MODIFY DATABASE <数据库名>

　　该命令用于打开以<数据库名>为文件名的数据库,同时打开"数据库设计器"窗口,允许修改当前数据库。

　　2. 关闭数据库

　　数据库的关闭同样可以通过界面或者命令的方式关闭数据库。在项目管理器中选择要关闭的数据库名称,然后单击项目管理器右侧的"关闭"按钮。也可采用命令方式关闭数据库,其语法格式如下:

　　　　CLOSE DATABASE [ALL]

　　如果不带关键字 ALL,则表示关闭当前数据库;若后面加上关键字 ALL,则表示关闭当前打开的所有数据库。

　　说明:当数据库关闭后,与该数据库相关的数据库表也都同时被关闭。

　　3. 删除数据库

　　在项目管理器上选中要删除的数据库,然后单击项目管理器右侧的"移去"按钮,在弹出的对话框中选择"删除"按钮；也可采用命令方式删除数据库，其语法格式如下：

     DELETE DATABASE <数据库名>

该命令用于删除当前指定的数据库。如果数据库删除后，数据库所包含的数据库表将自动变为自由表。

4．设置当前数据库

如果同时有多个数据库处于打开状态的时候，所有打开的数据库中只能有一个是当前数据库，系统默认最后打开的数据库为当前数据库。

在 VFP 中可通过界面方式或命令方式设置当前数据库。

（1）通过界面方式

如果当前已打开三个数据库，则在常用工具栏上的下拉列表框中显示所有打开的数据库，从中选择某个数据库为当前数据库，如设置 stum2 为当前数据库，如图 3.8 所示。

图 3.8　设置当前数据库

（2）用命令方式

若要设置当前数据库，其语法格式为：

     SET DATABASE TO <数据库名>

说明：在指定当前数据库时，该数据库应预先处于打开状态，否则会出错。

例如，要设置 stum 数据库为当前数据库，在命令窗口执行以下命令：

     SET DATABASE TO stum

3.4　数据表

在 3.2 节提到数据表是处理数据和建立关系数据库的基本单元。数据表一般由表结构和表记录两部分组成。在 VFP 中数据表分为自由表和数据库表，无论是自由表还是数据库表都以扩展名为.dbf 的文件形式保存在磁介质上。下面以自由表为例介绍数据表的创建、打开和维护等基本操作。

3.4.1　建立数据表

1．表的组成

Visual FoxPro 采用关系数据模型，每一个数据表对应一个关系，每一个关系对应一张二维表。数据表的结构对应于二维表的结构。二维表中的每一行有若干个数据项，这些数据项构成一条记录，二维表中的每一列对应实体的属性。

下面以学生表（student）为例，分析数据表的结构，如表 3.1 所示。

表 3.1　学生表（student）

stuno	stuname	gender	depcode	birthplace	birthdate	party	resume	photo
3062106101	王丽丽	女	21	江苏苏州	08/14/88	.T.	（略）	（略）
3062106102	张晖	男	21	北京	04/28/88	.T.	（略）	（略）
3062106103	钟金辉	男	21	重庆	07/12/88	.F.	（略）	（略）
3062106108	于小兰	女	21	江苏苏州	10/10/88	.F.	（略）	（略）
1061101201	黄新	男	11	江苏苏州	09/22/88	.F.	（略）	（略）
1061101202	许方敏	女	11	江苏无锡	03/28/88	.F.	（略）	（略）

该表格中有 9 个属性列，每个属性列都有不同的名称。同一属性列的所有数据类型完全相同，而不同属性列存放的数据类型可以不同。每个属性列数据的宽度也有一定的限制。每个属性列的取值也可能有一定的限制。例如"性别"属性列存放的是一个字符型数据，取值为"男或女"中的任意一个汉字，宽度为 2。这些都是在设计表结构时需考虑的问题。

在 VFP 中数据表的每一列称为一个字段。字段的个数和每个字段的名称、类型、宽度等要素决定了表文件的结构。定义表结构就是定义各个字段的属性。

数据表的基本结构包括字段名、字段类型、字段宽度和小数位数。

（1）字段名

字段名即关系的属性名或数据表的列名，可由字母、汉字、数字和下划线组成。它的命名规则与变量相同。自由表字段名最长为 10 字符，而数据库表的字段名最长为 128 个字符。字段名也被称作字段变量，用户可以通过字段名来访问该字段的值。

（2）字段的数据类型和宽度

数据表中的每个字段都有特定的数据类型。不同数据类型的表示和可进行的运算有所不同。字段宽度是指字段所能够容纳数据的最大字节数，字段宽度是否需要设置与字段的类型有关。字段宽度有的是用户根据存放的数据可自行设定的，有些是系统设定的，如货币型系统定义为 8 个字节。表 3.2 列出了常用的字段类型及其宽度。

表 3.2　字段的数据类型

数据类型	符号缩写	字段宽度	说明	示例
字符型	C	自定义	字母、汉字和数字文本	学生学号或手机号码
数值型	N	自定义	整数或小数	学生成绩

（续表）

数据类型	符号缩写	字段宽度	说明	示例
货币型	Y	8	货币单位	教师工资
整型	I	4	不带小数点的数值	学生人数
日期型	D	8	年-月-日	学生生日
日期时间型	T	8	年-月-日-时-分-秒	上班时间
逻辑型	L	1	逻辑真与逻辑假	是否党员
备注型	M	4	不定长文本	学生简历
通用型	G	4	OLE	图片或声音

说明：

① 字符型字段的宽度最多为 254 字节。

② 数值型数据包含小数位和正负号时，小数位和正负号在字段宽度中都要占用一位。数值型字段的宽度应为：整数部分的宽度+小数点一位+小数部分的宽度。

③ 备注型和通用型字段宽度均是 4 个字节，它存放的是一个指向备注文件的指针。当数据表中有备注型字段或通用型字段时，这两个字段的所有数据都存放在一个扩展名为.fpt 的备注文件中，该备注文件与表文件同名。该文件随数据表的打开而自动打开，如果它被破坏或丢失，则数据表不能被打开。

（3）是否允许为空

表示是否允许字段接受空值（NULL）。在数据表中如果当前字段的值不能确定时，可以设置该字段允许为 NULL。VFP 支持空值，它是用来表示数据存在和不存在的一种属性。空值是一个不确定的值，它不等同于 0、空串和空格。一个字段是否允许为空值与字段的性质有关，例如作为关键字的字段是不允许为空值的。

2. 创建表结构

在 VFP 中创建表结构有三种方法：一种是通过表设计器来建立，另一种是通过表向导建立一个新表，三是采用命令语句来实现。本节主要介绍利用表设计器创建表结构，命令方式在后面章节详细介绍。

例如，下面以学生表（student）为例，介绍如何创建表结构，该表结构见附录。

（1）执行"文件"菜单中的"新建"命令或单击常用工具栏上的"□"按钮，在"新建"对话框中选择"表"，单击"新建文件"按钮。

也可以在项目管理器的"数据"选项卡中选择自由表，单击右侧的"新建"按钮。

（2）在打开的"创建"对话框中选择保存位置，并输入表文件名，如 student，然后单击"保存"按钮，则系统自动打开"表设计器"对话框。

（3）在表设计器中设计表结构，如 student 表的结构设计如图 3.9 所示。

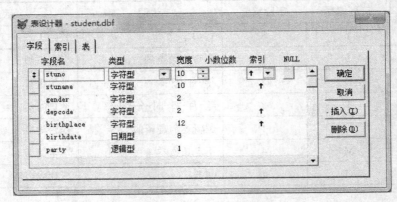

图 3.9　"表设计器"对话框

"表设计器"对话框有三个选项卡：字段、索引和表。

◆ "字段"选项卡用于建立和编辑表文件中字段的名称、类型、宽度、小数位数、索引方式（升序或降序）、设置 NULL 等。

◆ "索引"选项卡用于建立索引、排序方式和筛选。

◆ "表"选项卡主要用来显示记录、字段、长度等。

说明：该设计器用于创建自由表，即不依附于任何数据库的表。

（4）表字段设置完成后，单击"确定"按钮。这时将弹出如图 3.10 所示的对话框，询问"现在输入数据记录吗？"。如果需要立即输入记录，可单击"是"按钮，否则单击"否"按钮。

图 3.10　询问是否输入数据

3. 向数据表中输入记录

在表结构建立后，如果要立即输入记录，此时，屏幕显示记录输入窗口，用户可通过它输入记录。输入数据有两种方式：一是编辑方式，即一条记录的每个字段占一行；另一种是浏览方式，即每一条记录占一行，分别如图 3.11 和图 3.12 所示。编辑方式和浏览方式之间的切换可以通过执行"显示"菜单中的"编辑"命令或者"显示"菜单中的"浏览"命令来实现。

图 3.11　编辑方式

Stuno	Stuname	Gender	Depcode	Birthplace	Birthdate	Party	Resume	Photo
3062106101	王丽丽	女	21	江苏苏州	08/14/88	T	Memo	gen
3062106102	张晖	男	21	北京	04/28/88	T	memo	gen
3062106103	钟金辉	男	21	重庆	07/12/88	F	memo	gen
3062106104	蔡敏	女	21	江苏扬州	02/26/88	F	memo	gen
3062106105	张颖	女	21	江苏南通	09/05/88	F	memo	gen
3062106106	时红艳	女	21	江苏南京	05/22/88	F	memo	gen
3062106107	孙潇楠	女	21	上海	04/04/88	F	memo	gen
3062106108	于小兰	女	21	江苏苏州	10/10/88	F	memo	gen

图 3.12　浏览方式

（1）备注型字段数据的输入

在记录输入窗口中，备注型字段显示"memo"标志，表示该条记录没有数据。对于备注型字段数据的录入，可以通过双击"memo"标志或按[Ctrl+Home]组合键，在弹出的编辑窗口中输入备注内容，结束时关闭编辑窗口。此时该字段显示"Memo"标志，表示该备注字段有数据。

（2）通用型字段数据的输入

通用型字段主要用于存放图形、图像、声音、电子表格等多媒体数据。如果通用型字段显示"gen"标志，表示没有任何内容；如果输入了内容，则显示"Gen"标志。

通用型字段输入数据的操作方法：双击通用型字段的"gen"，进入通用型字段编辑窗口，然后执行"编辑"菜单中的"插入对象"命令，在打开的"插入对象"对话框中根据情况进行选择插入，如图 3.13 所示。

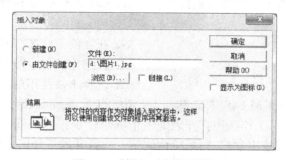

图 3.13　"插入对象"对话框

3.4.2 打开和关闭数据表

1. 工作区

工作区是指标识一个打开的数据表的区域。VFP 中规定每一个数据表文件在一个指定的工作区打开，一个工作区在某一个时刻只能打开一个数据表。每个工作区都有一个编号，编号的取值范围为 1~32767(前 10 个工作区也可以用字母 A~J 表示)。

由于在某个时刻用户只能在一个工作区中打开一张表文件，为了解决同时使用多个数据表，VFP 提供了多表的打开操作。用户可以对 32767 个工作区进行选择，选定某个工作区可使用 SELECT 命令，其语法格式如下：

SELECT <工作区号>|<别名>

工作区号为 0 时，表示选择未被使用的最小编号的工作区。启动 VFP 系统后，系统默认当前工作区号为 1。

2. 打开数据表

打开数据表采用界面方式和命令方式两种。

(1) 界面方式

执行"文件"菜单中的"打开"命令或单击常用工具栏上的"📂"按钮，在"打开"对话框中选择文件类型为表(*.dbf)后，再选中要打开的数据表，然后单击"确定"按钮，即可打开数据表。也可以通过"窗口"菜单中的"数据工作期"命令打开。

(2) 命令方式

在 VFP 中使用 USE 命令打开数据表，其语法格式如下：

USE   <表文件名> [IN 工作区号] [ALIAS 别名] [EXCLUSIVE|SHARED]

其中 IN 工作区号指明在哪个工作区打开数据表，缺省时表示在当前工作区中打开数据表；ALIAS 用于指定打开的表的别名，缺省时系统自动指定表名就是别名；EXCLUSIVE 用于指定以独占方式打开表文件，系统默认独占方式，SHARED 用于指定以共享方式打开表文件。

[例 3.1] 在不同的工作区中分别打开 student、teacher 和 department 三张数据表。

```
SELECT 1
USE student                    && 在当前工作区打开 student 表
USE teacher In 2               && 在工作区 2 中打开 teacher 表
SELECT 0                       && 选择未被使用的最小编号的工作区
USE department ALIAS 学院表     && 打开 department 表，别名为学院表
```

说明：表的别名是对工作区中打开表的一个临时标识。如果同一个数据表在不同工作区中同时被打开且没有指定别名，则系统认为第一次打开的工作区中的别名和表名相同，其后打开的工作区中用 A~J 和 W11~W32767 来表示。

（3）查看打开的数据表

当有多个数据表打开时，可以通过"窗口"菜单中的"数据工作期"查看已打开的所有数据表以及表的别名。

[例 3.2]　查看例 3.1 打开的三张数据表，如图 3.14 所示。

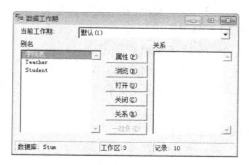

图 3.14　"数据工作期"查看数据表

3. 关闭数据表

当数据表操作完成后，应及时关闭数据表，以保证更新后的内容能安全地存入数据表中。关闭数据表时，在"数据工作期"窗口中选中要关闭的表，再单击"关闭"按钮；也可以采用命令方式关闭数据表，其语法格式如下：

　　　　USE [IN <工作区号>|<别名>]

其中，不使用 IN 子句时表示关闭当前工作区中的数据表；若使用 IN 子句表示关闭指定工作区或别名所在工作区的数据表。如果需要把所有打开的数据表全部关闭，则在命令窗口执行以下命令来关闭所有打开的表。

　　　　CLOSE TABLE ALL　　　　　　　&& 关闭所有打开的表

也可以执行 CLOSE ALL 命令关闭所有打开的文件，其中包括数据表、索引以及各类其他文件，且设置当前工作区为 1 或退出 Visual FoxPro 系统，则所有打开的数据表将自动关闭。

[例 3.3]　执行以下命令：

　　　　SELECT 1

　　　　USE sscore

　　　　SELECT 2

　　　　USE course

　　　　USE　　　　　　　　　　　　　&& 关闭当前工作区的表 course

　　　　USE IN 1　　　　　　　　　　　&& 关闭工作区 1 的表 sscore

3.4.3　数据表的输出和浏览

1. 表结构的输出

如果要列出指定表文件的结构，包括文件更新日期、记录个数、记录长度及各字段的名称、类型、宽度和小数位数等内容，可以采用命令语句来实现，其语法格式如下：

　　　　LIST|DISPLAY STRUCTURE

功能：将当前打开的表文件的结构输出到屏幕上。

LIST 和 DISPLAY 的区别是 LIST 连续显示，当显示内容超过一屏幕时，自动向上滚动，直到显示完成为止。DISPLAY 是分屏显示，显示满一屏时暂停，待用户按任一键后继续显示后面的内容。

[例 3.4]　显示"student.dbf"表结构。

　　　　USE student

　　　　LIST STRUCTURE

显示结果如图 3.15 所示。

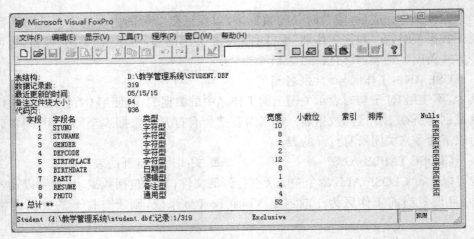

图 3.15　数据表结构的显示

2. 表记录的输出和浏览

（1）表记录的输出

将当前数据表中的记录输出到屏幕上，使用 LIST 或 DISPLAY 命令。它们的区别在于不使用条件时，LIST 默认输出全部记录，而 DISPLAY 则默认输出当前记录。其语法格式如下：

　　　　LIST|DISPLAY [FIELDS <字段名列表>] [FOR <条件表达式>]

说明：若使用 FIELDS 子句，表示输出指定的字段记录；若使用 FOR 子句，则输出满足给定条件的所有记录。

（2）表记录的浏览

数据表的浏览一般通过执行"显示"菜单中的"浏览"命令或使用 BROWSE 命令打开浏览窗口,查看全部或指定的记录,其语法格式如下:

BROWSE [FIELDS <字段名列表>] [FOR <条件表达式>]

功能:以浏览窗口显示和修改当前打开的数据表的记录。

[例 3.5]　以浏览窗口查看"student.dbf"表中来自北京的学生的学号、姓名以及是否为党员的信息。

USE student

BROWSE FIELDS stuno,stuname,party FOR birthplace="北京"

显示结果如图 3.16 所示。

图 3.16　"浏览"显示模式

3.4.4　数据表的修改

1. 表结构的修改

表结构的修改包括对数据表中字段的名称、类型、宽度等参数进行修改,还包括增加字段、删除字段、调整字段顺序等操作。在 VFP 中修改表结构有两种方法:一种是通过表设计器来修改,另一种是通过语句来实现。本节主要介绍采用表设计器修改表结构,语句方式修改表结构将在第 5 章详细介绍。

要修改表结构,首先必须先打开表设计器。打开表设计器有多种方式,一般采用"显示"菜单中的"表设计器"命令或使用命令方式,其语法格式如下:

MODIFY　STRUCTURE

修改表结构时,打开的表设计器和建立数据表时的界面是一样的。不过在修改时,界面上会显示原有数据表的结构,此时可以根据需要修改表的结构。

表结构修改完成后,在表设计器上单击"确定"按钮,这时将弹出如图 3.17 所示的对话框,询问"结构更改为永久更改?"。如果选"是"将保存对表结构的修改,否则放弃修改。

图 3.17　"确定表结构的修改"对话框

2. 表记录的修改

表记录的修改可以通过界面的方式进行操作,在浏览窗口或编辑窗口中直接进行修改,也可以使用 REPLACE 命令对记录数据进行批量修改。

（1）浏览窗口或编辑窗口

首先打开要修改的数据表,执行"显示"菜单中的"浏览"或"编辑"命令,然后在打开的窗口中浏览和修改数据。

使用 EDIT、CHANGE 命令修改记录,其语法格式如下:

EDIT|CHANGE [FIELDS <字段名列表>] [FOR <条件表达式>]

功能:打开编辑窗口,以交互方式修改指定的记录,每个字段占据一行。

[例 3.6] 修改学生表 student.dbf 中"于小兰"的记录。

USE student

EDIT FOR stuname="于小兰"

这时,出现"编辑"窗口,在此窗口修改指定的记录,如图 3.18 所示。

图 3.18 "编辑"窗口修改字段值

（2）成批替换修改

如果需要对所有记录或满足某种条件的记录的某个字段内容进行修改,可以执行批量修改。操作方法是在浏览状态下,执行"表"菜单中的"替换字段"命令,在"替换字段"对话框中选择和输入字段替换的有关要求。

例如,图 3.19 中的设置是将课程表 course.dbf 中所有 credits（学分）为 2 的记录的 credits 值加 1。

使用 REPLACE 命令修改记录,其语法格式如下:

REPLACE [<范围>] <字段名 1>WITH

图 3.19 "替换字段"对话框

<表达式 1>

　　　　　　　　[,<字段名 2>WITH <表达式 2>,…] [FOR <条件表达式>]

　　功能:对范围内所有满足条件的记录,用每个 WITH 后面的表达式值来替换 WITH 前面的字段值。

　　说明:若省略范围和条件,则仅对当前记录进行替换。

　　例如,将图 3.19 替换字段用 REPLACE 命令来实现,命令语句如下:

　　　　USE student

　　　　REPLACE ALL course.credits WITH Course.credits+1 FOR Course.credits=2

3.4.5　表记录指针的定位

　　当向数据表中输入记录的时候,系统自动为每条记录指定一个记录号,第一个输入的记录,其记录号为 1,后面依次类推,因此记录号反映其输入的顺序。

　　当表文件打开后,系统立即给这个数据表文件提供一个记录指针,用于指示当前记录的位置。为了控制记录指针的移动,每个数据表中还设置了两个标志:表头标志和表尾标志。表头标志设置在第一条记录之前,表尾标志设置在最后一条记录之后。第 2 章 2.4 节中提到 RECNO()函数用来测试记录指针的位置,BOF()函数和 EOF()函数分别用来测试记录指针是否指向表头和表尾。

　　数据表文件被打开时,记录指针指向首记录,用户可以通过记录指针的定位实现记录指针的移动,在 VFP 中定位方式有三种:绝对定位、相对定位和条件定位。

　　1. 绝对定位

　　绝对定位的语法格式如下:

　　　　GO <记录号>|<TOP>|<BOTTOM>

　　功能:将记录指针移动到指定的记录上。

　　说明:

　　(1) <记录号>:指定一个物理记录号,记录指针将移至该记录。

　　(2) TOP:记录指针指向表头。当不使用索引时指向记录号为 1 的记录,使用索引时指向索引项排在最前面的索引对应的记录。

　　(3) BOTTOM:记录指针指向表的最后一条记录。当不使用索引时指向记录号最大的记录,使用索引时指向索引项排在最后面的索引对应的记录。

　　[例 3.7]　打开 student 表,将记录指针移到第一条记录、最后一条记录和第二条记录上,并显示它们的记录号。

　　　　USE student

　　　　GO TOP

　　　　? RECNO()　　　　　　　　　　　　&& 显示数据表的第一条记录号

```
GO BOTTOM
? RECNO()                              && 显示数据表的最大记录号
GO 2
? RECNO()                              && 显示记录号为 2
```

2. 相对定位

相对定位的语法格式如下：

```
SKIP [+/-<记录数>] [IN <工作区号>|<别名>]
```

功能：将某工作区的记录指针从当前位置开始向前或向后移动记录指针。

说明：如果<记录数>的值为正数，则记录指针向表尾移动，若为负数，则向表头移动。若缺省此项，则记录指针移到下一条记录；若缺省 IN 子句，表示对当前工作区的数据表进行操作。

[例 3.8] 对 student 表做记录指针相对移动操作。

```
USE student
GO TOP
SKIP -1
? BOF()                                && 显示结果为.T.
GO BOTTOM
SKIP
? EOF()                                && 显示结果为.T.
```

3. 条件定位

条件定位的语法格式如下：

```
LOCATE FOR <条件表达式> [<范围>]
```

功能：按照一定的条件在数据表的指定范围内查找满足条件的记录，如果找到符合条件的记录，记录指针移动到该记录，否则记录指针定位到指定范围的末尾。

说明：

（1）可选择的范围有 ALL、NEXT <记录数>、RECORD <记录号>和 REST，默认为 ALL。

（2）LOCATE 命令只能将记录指针移到满足条件的第一条记录上，如果数据表中有多条满足条件的记录，则通过 CONTINUE 命令继续查找满足条件的其他记录，并且可以多次使用，直到记录指针移到表文件结尾或指定范围结尾。

[例 3.9] 查找 student 表中女学生的记录。

```
USE student
LOCATE FOR gender="女"
? FOUND()                              && 显示结果为.T.
? stuno, stuname, gender               && 3062106101 王丽丽　女
CONTINUE
```

? stuno, stuname, gender　　　　　　　　&& 3062106108 于小兰　女

3.4.6　表记录的追加

1. 插入记录

插入记录的语法格式如下：

　　　　INSERT [BEFORE] [BLANK]

功能：在当前数据表的某个记录之前或之后插入一条记录。

说明：若有 BEFORE 子句，则在当前记录之前插入；否则，在当前记录之后插入。若有 BLANK 子句，则自动插入一条空白记录；否则，进入编辑窗口输入记录内容，输入完毕关闭该窗口。

2. 添加记录

（1）在数据表中直接输入记录

在数据表浏览/编辑状态下，执行"显示"菜单中的"追加方式"命令，可以增加一条或多条记录。也可以使用 APPEND 命令添加记录，其语法格式如下：

　　　　APPEND [BLANK]

功能：在当前数据表的末尾增加一条空白记录。若省略 BLANK 子句，则自动打开编辑窗口，在其中输入一条或多条新记录。

（2）从其他数据源获取记录数据

如果数据来自其他数据源，可采用以下命令实现记录的追加，其语法格式如下：

　　　　APPEND FROM <文件名> [FIELDS <字段名列表>]

　　　　[FOR <条件表达式>] [DELIMITED|XLS]

功能：将其他表文件、文本文件或 EXCEL 文件中的数据添加到当前数据表中。

说明：FIELDS 子句指定添加哪些字段数据，DELIMITED 或 XLS 指定数据来源是文本文件还是 EXCEL 文件。

也可以执行"表"菜单中的"追加记录"，在打开的"追加来源"对话框中选择其他数据源，并进行相应的设置，如图 3.20 所示。

图 3.20　"追加来源"对话框

[例 3.10] 在 student 表末记录后增加一条记录。

USE student

APPEND

执行命令后,自动弹出"编辑"窗口,如图 3.21 所示,输入记录内容后关闭该窗口。

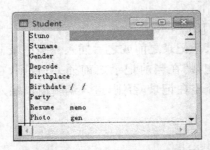

图 3.21   "编辑"窗口输入记录内容

3.4.7 表记录的删除与恢复

VFP 把删除记录的操作分两步进行:首先对要删除的记录加上删除标记,需要时仍可以恢复,称为逻辑删除,然后对加上删除标记的记录从数据表中彻底删除,之后不能再恢复,称为物理删除。

1. 给表记录加上删除标记

(1) 界面方式

在数据表浏览状态下,单击记录左边小方框,使该方框变黑色,则表示该记录已经有了删除标记。如图 3.22 所示的 student 表中有一条记录有删除标记。

Stuno	Stuname	Gender	Depcode	Birthplace	Birthdate
3082106101	王丽丽	女	21	江苏苏州	06/14/88
3082106102	张晖	男	21	北京	04/28/88
3082106103	钟金辉	男	21	重庆	07/12/88
3082106104	蔡敏	女	21	江苏扬州	02/26/88
3082106105	张颖	女	21	江苏南通	09/05/88
3082106106	时红艳	女	21	江苏南京	05/22/88
3082106107	孙潇楠	女	21	上海	04/04/88
3082106108	于小兰	女	21	江苏苏州	10/10/88
3082108201	张慧	女	21	江苏南京	07/24/88
3082108202	邱亚俊	男	21	江苏南京	07/02/88
3082108203	陈曦	男	21	江苏镇江	01/06/89

图 3.22   数据表逻辑删除

如果要将满足条件的一批记录加上删除标记。操作方法是在数据表浏览状态下,执行"表"菜单中的"删除记录"命令,在打开的"删除"对话框中进行设置,如图 3.23 所示删除所有男同学的记录。

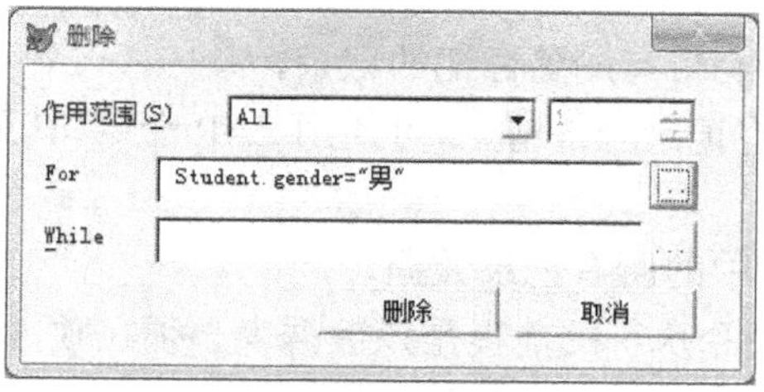

图 3.23　批量删除

（2）命令方式

使用 DELETE 命令也可以进行逻辑删除，其语法格式如下：

　　　DELETE [范围] [FOR <条件表达式>]

功能：给指定范围内满足条件的记录添加删除标记。若范围和 FOR 子句缺省时，仅对当前记录加上删除标记。

[例 3.11]　给 student.dbf 表第 4 条记录加上删除标记，再给来自江苏南京的所有女同学加上删除标记。

　　　USE student

　　　GO 4

　　　DELETE

　　　DELETE ALL FOR birthplace="江苏南京" and gender="女"

2. 恢复记录

如果要恢复带有删除标记的记录，则在数据表浏览状态下，再次用鼠标单击记录左边小方框，使变成黑色的小方块重新变为白色。

也可以通过 RECALL 命令恢复记录，其语法格式如下：

　　　RECALL [范围] [FOR <条件>]

功能：恢复指定范围内满足条件的带有删除标记的记录，即取消删除标记。若范围和 FOR 子句缺省时，仅恢复当前记录。

[例 3.12]　恢复例 3.11 中所有加上删除标记的记录。

　　　USE student

　　　GO 4

　　　RECALL

　　　RECALL ALL FOR birthplace="江苏南京" and gender="女"

3. 彻底删除

如果要将数据表中所有逻辑删除的记录从数据表中移去，可在数据表浏览状态下执行

"表"菜单中的"彻底删除"命令。也可以使用 PACK 命令进行物理删除，其语法格式如下：

　　　PACK

功能：清除数据表中所有带有删除标记的记录。

若要将数据表中的所有记录全部清空，可使用 ZAP 命令，其语法格式如下：

　　　ZAP

功能：物理删除数据表中的所有记录数据。

注意：PACK 和 ZAP 命令执行的前提是该数据表必须在独占方式下进行。

3.4.8　数据表的复制和统计

数据表的复制是保证数据安全的措施之一。在 VFP 中也提供了几种复制和统计数据表的命令。

1. 数据表的复制

（1）复制表结构

语法格式如下：

　　　COPY STRUCTURE TO <新表文件名>[FIELDS <字段名列表>]

功能：将当前数据表结构的部分或全部复制到指定的新表文件中。

[例 3.13]　复制 student 表结构到新表文件 student_1。

　　　USE student

　　　COPY STRUCTURE TO student_1 FIELDS stuno,stuname,gender

　　　Use student_1

　　　LIST STRUCTURE

显示结果如下：

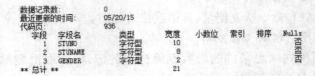

```
数据记录数：          0
最近更新的时间：      05/20/15
代码页：              936
    字段  字段名       类型        宽度   小数位  索引  排序  Nulls
     1    STUNO        字符型       10                              否
     2    STUNAME      字符型       8                               否
     3    GENDER       字符型       2                               否
** 总计 **                        21
```

（2）复制表文件

语法格式如下：

　　　COPY TO <新表文件名>[FIELDS <字段名列表>] [FOR <条件表达式>]

功能：将当前数据表的结构和记录部分或全部复制到指定的新表文件中。

[例 3.14]　复制 student 表中来自北京的学生信息到新表文件 student_2 中。

　　　USE student

　　　COPY TO student_2 FIELDS stuno,stuname,gender FOR birthplace="北京"

USE student_2

　　　　LIST

显示结果如下：

记录号	STUNO	STUNAME	GENDER
1	3062106102	张晖	男
2	1061403113	吴倩	男

2. 数据表的统计

（1）表记录个数的统计

语法格式如下：

　　　　COUNT TO <内存变量名> [FOR <条件表达式>] [范围]

功能：在当前打开的数据表文件中统计指定范围内满足条件的记录个数，并将统计结果保存在指定的内存变量中。

[例 3.15]　统计 student 表中来自北京的学生人数。

　　　　USE student

　　　　COUNT TO n FOR birthplace="北京"

　　　　? n　　　　　　　　　　　　　　&& 屏幕显示结果为 2

（2）数据表中数值型字段求和

语法格式如下：

　　　　SUM [数值表达式] [范围] [TO <内存变量名>] [FOR <条件表达式>]

功能：对当前数据表文件中指定范围内数值型字段累加求和，并把计算结果保存在指定的内存变量中。

说明：若缺省[范围]，则默认范围为 ALL；若缺省[数值表达式]，则对数据表中所有数值型字段求和。

[例 3.16]　统计 course 表中专业基础课的总学分。

　　　　USE course

　　　　SUM credits TO s FOR character="专业基础课"

　　　　? s　　　　　　　　　　　　　　&& 屏幕显示结果为 46

（3）数据表中数值型字段求平均值

语法格式如下：

　　　　AVERAGE [数值表达式] [范围] [TO <内存变量名>] [FOR <条件表达式>]

功能：对当前数据表文件中指定范围内数值型字段求平均值，并把计算结果保存在指定的内存变量中。

说明：若缺省[范围]，则默认范围为 ALL；若缺省[数值表达式]，则对数据表中所有数值型字段求平均值。

[例 3.17] 统计 sscore 表中课程代号为"1141012"课程的平均成绩。

USE sscore
AVERAGE grade TO p FOR ccode="1141012"
? p   && 屏幕显示结果为 66.44

3.5 数据表的索引

3.5.1 索引概述

1. 索引的概念

索引是使数据表中的记录有序排列的一种技术。数据表中记录的顺序一般由记录输入的前后顺序决定的(即物理顺序),并用记录号来表示。为了加快记录的检索、显示、查询以及汇总速度,需要对数据表中记录顺序重新组织,而索引技术则是实现这些目的最为可行的方法。

索引实际上是数据表文件按某个索引关键字表达式值的大小排序的一种排序方法,它不改变记录在物理上的排列顺序,而是建立一个索引关键字表达式与含有此值的记录号对应关系的对照表。索引中存储了一组记录指针,它指向原文件的记录。按照某个索引关键字值进行排序的记录顺序称为逻辑顺序,可以是升序,也可以是降序。

通常情况下,每一个索引都包含两部分:

(1)索引表达式

它是用来创建索引的依据,可以由数据表中的一个字段,也可以由某些字段、变量、函数等构成的一个表达式,称为索引表达式。

(2)索引名

它是使用索引的名称,也称为索引标识名,命名规则与变量相同,但不能超过 10 个字符。

2. 索引文件的种类

VFP 提供了两种不同类型的索引文件:单索引文件和复合索引文件。

(1)单索引文件

一个索引文件中只包含一个索引的索引文件,称为单索引文件,其扩展名为.idx。单索引常作为临时索引,在需要时创建或重新编排。

(2)复合索引文件

一个索引文件中包含一个或多个索引的索引文件,称为复合索引,其扩展名为.cdx。复合索引又分为结构复合索引和非结构复合索引。

① 结构复合索引

结构复合索引文件只有一个,其文件名与表文件名同名,创建索引时系统自动生成。结构复合索引文件随表文件的打开而自动打开,在数据表中添加、更改或删除记录时,可随数据表自动更新。

② 非结构复合索引

非结构复合索引文件的主文件名与表文件名不同,是由用户命名,可以有多个。它的打开或关闭与数据表文件不同步,需要专门的命令打开。

以上两种索引文件,在 VFP 系统中结构复合索引使用最多、最方便。后面讲解的索引文件都是结构复合索引文件。

3．索引的类型

索引关键字是由一个或几个字段构成的索引表达式,索引表达式的类型决定了不同的索引方式。在 VFP 中有四种类型的索引:主索引、候选索引、唯一索引和普通索引,如表 3.3 所示。

表 3.3　索引关键字的类型

索引类型	关键字取值	说　明
主索引	不允许有重复值,即关键字必须唯一	仅用于数据库表,用于在永久关系中建立参照完整性
候选索引		可作为主关键字,用于在永久关系中建立参照完整性
普通索引	允许有重复值	可作为一对多永久关系的多方
唯一索引	输入允许重复值,输出无重复值	为兼容老版本而设置

（1）主索引

主索引是一个不允许索引表达式值重复出现的索引。如 student 表中的"stuno"字段就可作为主索引关键字,而"stuname"、"gender"等字段的值可能会有重复,因此不能作为主索引。一个数据表只能有一个主索引。

（2）候选索引

类似主索引,也是一种可以用来作主关键字的索引,其内容具有唯一性。一个数据表可以有多个候选索引。

（3）普通索引

普通索引是最常用的索引类型,索引表达式的值允许重复,一个数据表可以创建多个普通索引。如 student 表中的"gender"字段的值允许重复,可以建立普通索引,按性别排序。

（4）唯一索引

唯一索引允许索引表达式的值有重复,但索引中重复的值仅保存第一次出现该值的记录号,而其它重复值的记录号则忽略。自由表和数据库表都可以创建唯一索引,并且一个表可以创建多个唯一索引。

需要说明的是，建立的数据表如果没有添加到数据库中即为自由表，则该数据表不能建立主索引，但可以建立其他三种类型的索引，而数据库表则可以建立任何一种类型的索引。

3.5.2　索引的创建

在 VFP 中建立索引是非常容易的事，可以使用表设计器和 INDEX ON 命令两种方法建立结构复合索引。下面以"student"表为例介绍如何建立索引。

1. 用表设计器创建索引

例如，在"student"表设计器上建立三个索引，第一个索引是以"stuno"字段建立候选索引，索引为升序；第二个索引是以"birthplace"字段建立普通索引，索引为降序；第三个索引是以"gender"和"birthdate"两个字段建立普通索引，索引为升序，即当"gender"字段值相同时，再按"birthdate"字段值排序。

操作步骤如下：

（1）打开"student"表，执行"显示"菜单项中的"表设计器"命令，在打开的"表设计器"中选择"索引"选项卡。

（2）在索引选项卡的"索引名"框中输入索引名，并选择索引类型，然后构造索引表达式，如图 3.24 所示。

图 3.24　"索引"选项卡

其中索引表达式构造时，可单击表达式栏后的表达式生成器按钮，在打开的如图 3.25 所示的"表达式生成器"对话框中设置索引表达式，如：gender+DTOC(birthdate,1)。

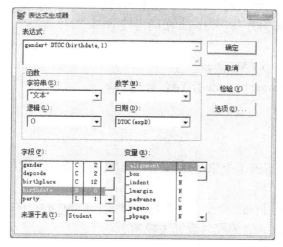

图 3.25　"表达式生成器"对话框

（3）完成索引设置后，单击"确定"按钮，出现如图 3.26 所示的消息框，单击"是"按钮即可。

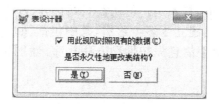

图 3.26　"确认"对话框

2. 命令方式创建索引

使用 INDEX ON 命令也可以建立索引，其语法格式如下：

INDEX ON <索引表达式>TAG <索引标识名>

[FOR <条件表达式>] [ASCENDING|DESCENDING]

功能：根据指定的<索引表达式>为当前打开的数据表文件建立一个索引，索引名用<索引标识名>来表示。该索引将存放在表文件的结构复合索引文件中。

说明：

① 若无 FOR 子句，将对所有记录进行索引；否则只对符合条件的记录进行索引。

② ASCENDING 表示按索引表达式的值升序建立索引；若选 DESCENDING，则按降序建立；若缺省该项，则默认按升序建立索引。

需要注意的是：使用该命令建立的最新索引默认为主控索引，数据表文件将以这个最新建立的索引为序排列记录。

[例 3.18] 为 sscore.dbf 表建立两个普通索引,其中第一个索引是按 stuno 的升序排序,第二个索引是先按 stuno 升序排序,stuno 相同再按 grade 升序排序。

    USE sscore

    INDEX ON stuno TAG stuno

    INDEX ON stuno+str(grade,4) TAG stu_grade

3.5.3 索引的使用

1. 指定主控索引

当一个数据表建立了若干个索引后,某个时刻最多只有一个索引在起作用,这个索引被称为主控索引。

设置主控索引可使用 USE 命令打开数据表时,通过 ORDER 子句指定主控索引。例如,下列命令在打开 sscore.dbf 表的同时设置主控索引:

    USE sscore ORDER stuno

也可以在数据表打开后设置,其主控索引设置语法格式如下:

    SET ORDER TO <索引标识名>

功能:指定当前数据表的主控索引。若缺省<索引标识名>,则取消主控索引。

[例 3.19] student.dbf 表已建立了多个索引,其中包括"gen_birth"升序索引。下面指定"gen_birth"为主控索引,即学生信息先按性别升序排序,性别相同再按出生日期升序重排记录。

    USE student

    SET ORDER TO gen_birth

    LIST

屏幕显示结果如下:

记录号	STUNO	STUNAME	GENDER	DEPCODE	BIRTHPLACE	BIRTHDATE	PARTY	RESUME	PHOTO
2	3062106102	张晖	男	21	北京	1988/04/28	.T.	memo	gen
10	3062106202	邱卫俊	男	21	江苏南京	1988/07/02	.F.	memo	gen
3	3062106103	钟金辉	男	21	重庆	1988/07/12	.F.	memo	gen
11	3062106203	陈啸	男	21	江苏镇江	1989/01/06	.F.	memo	gen
13	3062106205	顾乃菲	男	21	江苏常州	1989/03/08	.F.	memo	gen
14	3062106206	陈静	女	21	江苏南通	1987/12/08	.F.	memo	gen
15	3062106207	李娜	女	21	江苏常州	1987/12/29	.F.	memo	gen
4	3062106107	蔡敏	女	21	江苏扬州	1988/02/26	.F.	memo	gen
7	3062106107	孙潇楠	女	21	上海	1988/04/04	.F.	memo	gen
6	3062106106	时红艳	女	21	江苏南京	1988/05/22	.F.	memo	gen
9	3062106201	张慧	女	21	江苏南京	1988/07/24	.F.	memo	gen
16	3062106208	嵇晓玲	女	21	江苏徐州	1988/07/26	.F.	memo	gen
1	3062106101	王丽丽	女	21	江苏苏州	1988/08/14	.T.	Memo	gen
5	3062106105	张颖	女	21	江苏南通	1988/09/05	.F.	memo	gen
8	3062106108	于小兰	女	21	江苏苏州	1988/10/10	.F.	memo	gen
12	3062106204	杨艳	女	21	江苏泰州	1988/11/19	.F.	memo	gen

2. 利用索引查询定位

索引查询又称快速查询,是按照数据表记录的逻辑位置查询。使用 SEEK<表达式>命令实现索引查询定位,前提是数据表已建立了与<表达式>相关的索引关键字的索引,并将

其设置为主控索引,其语法格式如下:

　　SEEK <表达式>

功能:基于数据表和索引搜索首次出现的索引关键字与指定的表达式相匹配的记录。如需查找与表达式相匹配的下一条记录,则需使用 SKIP 命令。

说明:SEEK 命令可以查找任意类型的数据,但需要加相应的定界符。

[例 3.20]　在 student.dbf 表中已建立了一个索引名为 birth_p,表达式为"birthplace"的索引,现要利用索引快速查找"江苏南京"的学生记录。

　　USE student
　　SET ORDER TO birth_p
　　SEEK "江苏南京"
　　DISPLAY

记录号	STUNO	STUNAME	GENDER	DEPCODE	BIRTHPLACE	BIRTHDATE	PARTY	RESUME	PHOTO
10	3062106202	邱亚俊	男	21	江苏南京	1988/07/02	.F.	memo	gen

　　SKIP
　　DISPLAY

记录号	STUNO	STUNAME	GENDER	DEPCODE	BIRTHPLACE	BIRTHDATE	PARTY	RESUME	PHOTO
9	3062106201	张慧	女	21	江苏南京	1988/07/24	.F.	memo	gen

3.6　数据库表的操作

前面几节介绍了数据表的建立与修改都是在自由表的基础上,如果将一个自由表添加到某个数据库中就成为一个数据库表。数据库表和自由表可以相互转换。当然在数据库打开状态下也可以直接建立数据库表,还可以对已建立的数据库表进行修改。

3.6.1　建立数据库表

在数据库中直接建立数据库表最简单的方法是使用数据库设计器。打开数据库设计器后,在主菜单栏的"数据库"菜单或数据库设计器的快捷菜单中,选择"新建表"命令,在打开的"新建表"对话框中选择"新建表"按钮,然后在弹出的"创建"对话框中输入表名、选择保存表的位置,最后单击"保存"按钮,此时便出现数据库表的表设计器对话框,如图 3.27 所示。

数据库表的表设计器与自由表的表设计器有所不同,是因为数据库表具有字段属性和表属性,而自由表不具有。数据库表的字段属性包括字段的格式、输入掩码、默认值、标题、注释、字段规则、信息以及默认的控件类等。表属性包括长表名、记录级规则、信息、表注释以及触发器等。

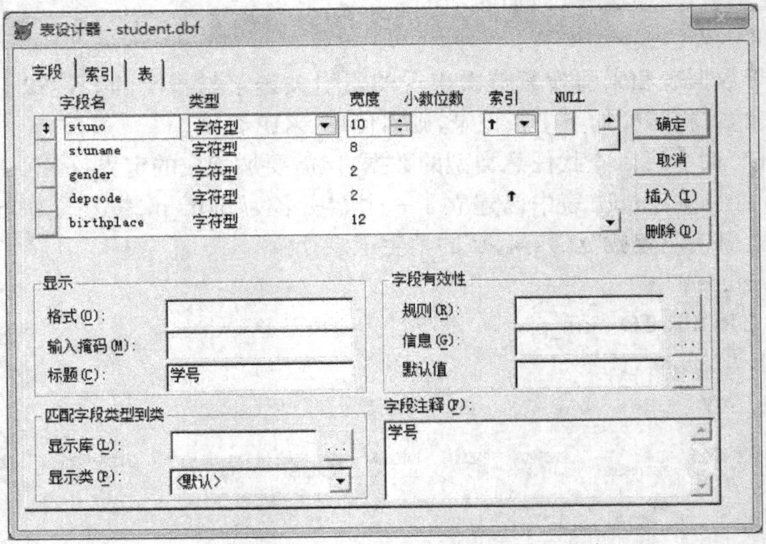

图 3.27　数据库表设计器

当建立数据库表时,不仅要确定字段名、类型、宽度等内容,还可以为数据库表定义相关属性。当自由表添加到数据库后,便可以立即获得这些属性,这些属性将被作为数据库的一部分保存起来,并为该数据库表所拥有,直到该表从这个数据库中移去为止。

1. 字段的显示属性

字段的显示属性包括显示格式、输入掩码和标题。

(1) 显示格式

显示格式用来控制字段在浏览窗口、表单或者报表中显示时的样式以及大小写。格式字符及功能如表 3.4 所示。

表 3.4　格式字符及功能

格式	说明	格式	说明
A	只允许输入字母和汉字(不允许空格、数字或者标点符号)	R	显示文本框的格式掩码,但不保存在字段中
D	使用当前系统设置的日期格式	T	禁止输入字段的前导空格和结尾空格
E	使用英国日期格式	!	把输入的小写字母转换为大写字母
K	光标移至该字段选择所有内容	^	用科学计数法表示数值型数据
L	在数值前显示填充的前导 0,而不是用空格字符	$	显示货币符号

（2）输入掩码

字段输入掩码用于控制向字段输入数据的格式。使用输入掩码可减少人为的数据输入错误，提高输入准确性，保证输入的字段数据格式统一和有效。掩码字符及功能如表 3.5 所示。

表 3.5　掩码字符及功能

掩码	说明	掩码	说明
X	可输入任何字符	*	在值的左侧显示星号
9	可输入数字和正负符号	.	用句点分隔符指定小数点位置
#	可输入数字、空格和正负符号	,	用逗号分隔小数点左边的整数部分，一般用来分隔千分位
$	在固定位置显示当前货币符号	$$	货币符号显示时不与数字分开

（3）标题

字段的标题用来增强字段的可读性，用于在浏览窗口中显示列标题，没有标题则显示字段名。例如，student 表中 stuno 字段，可设置其标题属性为"学号"。

2. 有效性规则

有效性规则是一个与字段或记录相关的表达式，通过对用户的值加以限制，提供数据有效性检查。建立有效性规则时，必须建立一个有效的规则表达式，以此来控制输入到数据库表字段和记录中的数据。有效性规则把所输入的值与所定义的规则表达式进行比较，如果输入的值不满足规则要求，则拒绝该值。

在 VFP 中，有效性规则分为两种：字段有效性规则和记录有效性规则。字段有效性规则是对某一个字段的约束，检查单个字段中输入的数据是否有效。记录有效性规则是对一个记录的约束，当插入或修改记录时被激活，检查输入数据的正确性。记录有效性规则只有在整条记录输入完毕后才开始检查数据的有效性。

（1）字段有效性

字段有效性规则主要包括"规则"、"信息"和"默认值"的设置。

① "规则"文本框主要设置对该字段输入数据的有效性进行检查的规则，实际上是设置一个条件，即规则栏输入一个逻辑表达式。

例如，在 student 表设计器中先选中 gender(性别)字段，然后在该字段的规则文本框中输入：gender="男" OR gender="女"，表示性别字段输入的值为字符型数据，而且仅可以输入"男"或者"女"。

② "信息"文本框用于设置该字段输入数据出错时将显示的错误提示信息。信息栏输入的是一个字符串。

例如,在 student 表设计器中先选中 gender(性别)字段,然后在该字段的信息文本框中输入:"性别只能是男或女"。

③ "默认值"文本框用于设置该字段的默认值,即向数据表中添加新记录时,为字段生成的初始值。默认值栏的数据类型应与该字段类型一致。

例如,在 student 表设计器中设置 gender(性别)字段的默认值为:"女"。

(2) 记录有效性

记录有效性检查是指对记录中各个字段进行某种运算的结果进行检查,判断其是否在合理的范围内。这种检查通过事先设置好的记录有效性规则来进行。在数据库表的表设计器中,"表"选项卡"记录有效性"中的"规则"和"信息"框,可以设置记录有效性规则和违反该规则时显示的错误提示信息,如图 3.28 所示。

① "规则"文本框设置数据记录的有效条件。

② "信息"文本框用于设置当有不符合记录有效性规则时,显示的提示错误信息。

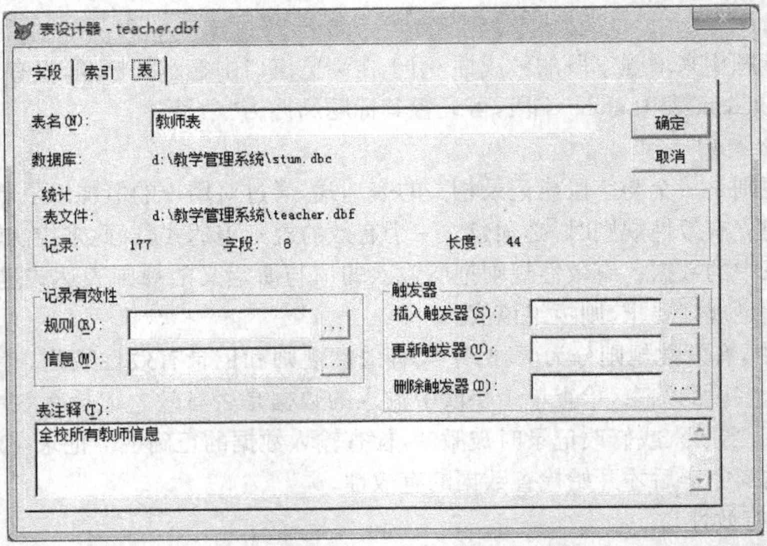

图 3.28 数据库表设计器中"表"选项卡

(3) 触发器

触发器实际上是一个对数据库表进行插入、删除和更新时而引发的检验规则。该规则可以是逻辑表达式,也可以是用户自定义函数。数据库表的触发器有插入触发器、更新触发器和删除触发器三种。

① "插入触发器"文本框用于指定记录的插入规则,每当用户向数据表中插入或者追加新记录时,就会触发此规则并进行校验。当表达式或自定义函数的值为.F.时,插入的记录

不被接受。

②"更新触发器"文本框用于指定记录的修改规则,每当用户修改数据表中的记录时,将触发此规则并进行校验。当表达式或自定义函数的值为.F.时,修改的记录不被接受。

③"删除触发器"文本框用于指定记录的删除规则,每当用户删除数据表中的记录时,将触发此规则并进行校验。同样,当表达式或自定义函数的值为.F.时,删除操作不被接受。

字段有效性规则和记录有效性规则的作用是限制非法数据的输入,而触发器是控制对已经存在的记录所做的非法操作。

3.6.2 数据库表与自由表的转换

数据库表和自由表之间可以相互转换,当一个自由表添加到数据库中,就成为数据库表;反之,如果将数据库表从数据库中移出,该数据库表就成为了自由表。数据库表只能属于一个数据库,若想把一个数据库中的数据表添加到其他数据库中,首先必须把该数据表从当前数据库中移出,成为自由表,再将其添加到其他数据库中。

1. 向数据库中添加自由表

(1) 界面操作方式

如果要将自由表添加到数据库中,首先打开数据库,然后选择"数据库"菜单或在数据库设计器打开状态下单击快捷菜单中的"添加表",在"打开"对话框中选择要添加数据表的表名,然后单击"确定"按钮,则自由表就被添加到数据库中,成为数据库表。例如,将建立的 student、teacher、course 和 sscore 表都分别添加到数据库 stum 中,如图 3.29 所示。

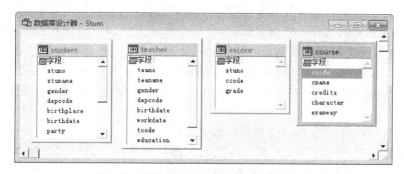

图 3.29   添加数据表后的数据库表设计器

(2) 命令方式

也可以使用命令向数据库添加数据表,其语法格式如下:

ADD TABLE <表名>

功能:向当前的数据库中添加自由表。

例如,向数据库 stum 中添加 sclass 表,则需在命令窗口执行以下命令:

```
OPEN DATABASE stum
ADD TABLE sclass
```

2. 从数据库中移除数据库表

当数据库中不再需要某个数据表或其他数据库需要添加某个数据表时，则可以从数据表所属的数据库中移去该数据表，使之成为自由表。

（1）界面方式

如果要将数据库表变为自由表，可在数据库设计器打开状态下，首先选择要移除的数据库表，然后执行"数据库"菜单中的"移去"命令，或执行快捷菜单中的"删除"命令，即可将数据库表从当前数据库中移除。

（2）命令方式

也可以使用命令移去数据库表，其语法格式如下：

```
REMOVE TABLE <表名>
```

功能：从当前的数据库中移去数据库表。

例如，从数据库 stum 中移去 sclass 表，则需在命令窗口执行以下命令：

```
OPEN DATABASE stum
REMOVE TABLE sclass
```

3.6.3　参照完整性与数据表之间的永久关系

1. 参照完整性概述

参照完整性是关系数据库管理系统的一个重要功能，它与数据表之间的联系有关。它的含义是当数据表插入、删除、修改数据时，通过参照完整性设置引用相互关联的另一个数据表中的数据，来检查对当前数据表的操作是否正确。例如，向 sscore（成绩表）中插入记录时，如能进行参照完整性检测，检查指定的 ccode（课程号）是否在 course（课程表）中存在，以保证插入到 sscore（成绩表）中的记录的合法性。因此通过参照完整性可保证数据表之间的一致性问题。

在 Visual FoxPro 中建立参照完整性一般需要以下步骤：

（1）建立数据表之间的永久关系。在数据库设计器中建立表之间的联系时，首先在父表中建立主索引，在子表中建立相应的候选索引或普通索引，然后通过父表中的主索引和子表中对应的候选索引或普通索引建立两个数据表之间的永久联系。

（2）设置参照完整性约束。在建立永久关系后，可利用参照完整性生成器分别对更新规则、删除规则和插入规则进行设置。

2. 建立永久关系

数据表之间的联系有两种：临时关系和永久关系。

临时关系是在使用数据表过程中临时根据需要在数据表间建立的关系。临时关系可在任何数据表之间建立,它一般随着数据表的关闭而自动解除。临时关系可在数据工作期中建立。

永久关系是建立在数据库表之间的关系,此关系一旦建立就存储在数据库中,不会因为数据表的关闭而解除。永久关系只能在数据库表之间建立。

建立永久关系一般有以下几个步骤:

(1) 确定两个数据库表是一对一,还是一对多的关系。

(2) 确定好数据库表间关系后,为父表建立主索引或候选索引。

(3) 为子表建立索引;如果是一对一的关系,则在子表中需要建立与主表相同的主索引或候选索引;如果是一对多关系,则需要在子表中以外关键字建立普通索引。

(4) 在数据库设计器中将父表的主索引或候选索引拖动到子表的相关索引上,两个数据表之间就产生一个连线,其永久关系就建立完成。

例如,图 3.30 所示是教学管理中三个数据表间的关系。

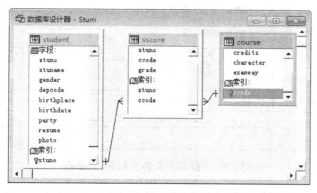

图 3.30 建立关系后的数据库表设计器

在数据库设计器中,可以编辑修改已建立的联系。操作方法:首先单击关系连线,然后执行"数据库"菜单或快捷菜单中的"编辑关系",或者双击连线,打开如图 3.31 所示的"编辑关系"对话框,重新选择数据表或相关数据表的索引名修改指定的关系。

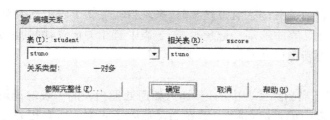

图 3.31 "编辑关系"对话框

若要删除数据表间的永久联系,可以单击两数据表间的连线,然后按[Delete]键,或右击连线,选择快捷菜单中的"删除关系"命令,删除永久联系。

3. 设置参照完整性

参照完整性规则是建立在永久关系基础上的。建立参照完整性前必须先清理数据库,即物理删除数据库中各个数据表中所有带删除标记的记录。操作方法是执行"数据库"菜单中的"清理数据库"命令。

清理数据库后,在"数据库设计器"中鼠标右击关系连线,然后执行快捷菜单中的"编辑参照完整性"命令或单击"编辑关系"对话框中的"参照完整性"按钮,打开"参照完整性生成器"对话框,如图 3.32 所示。

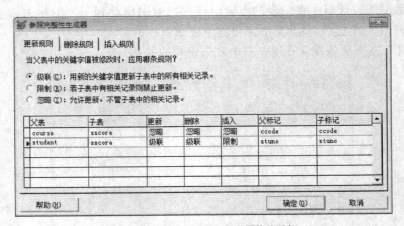

图 3.32 "参照完整性生成器"对话框

在"参照完整性生成器"对话框中有三个选项卡:"更新规则"、"删除规则"和"插入规则"。

(1) 更新规则

更新规则规定了当更新父表中的联接字段(主关键字)值时,如何处理相关的子表的记录。

① 级联:当父表中的关键字值被修改时,系统自动更新子表中的所有相关记录。

② 限制:当更改父表中的某一记录时,若子表中有相关记录,则禁止更新。

③ 忽略:两表更新操作互不影响。

(2) 删除规则

删除规则规定了当删除父表中的记录时,如何处理相关的子表的记录。

① 级联:当父表中记录被删除时,系统自动删除子表中的所有相关记录。

② 限制:当删除父表中的某一记录时,若子表中有相关记录,则禁止删除。

③ 忽略:两表删除操作互不影响。

（3）插入规则

插入规则规定了当插入子表中的记录时,是否进行参照完整性检查。

① 限制:当在子表中插入一条新记录时,若父表中没有相应匹配的关键字值,则禁止插入。

② 忽略:两表插入操作互不影响。

参照完整性设置后,系统自动生成规则的程序代码,并存放在数据库的存储过程中。在对数据库表进行更新、删除和插入时,按照完整性进行检验,保证数据库中相关表之间的数据一致性。

例如,图 3.32 中设置 student 和 sscore 两个数据表的参照完整性:更新和删除规则为级联,插入规则为限制。具体操作是在"参照完整性生成器"对话框中,首先在表格中单击关系所在行,即选定 student 和 sscore 这一永久关系,然后在更新规则和删除规则选项卡中设置"级联",在插入规则中设置"限制",最后单击"确定"按钮完成参照完整性的建立。

习   题

一、选择题

1. 数据库中可以存储和管理下列_____对象。

   A. 表和关系   B. 连接和存储过程

   C. 视图   D. 以上都是

2. 打开数据库的命令是_____。

   A. OPEN   B. OPEN DATABASE

   C. USE DATABASE   D. USE

3. 修改表文件结构的命令是_____。

   A. BROWSE   B. COPY STRUCTURE

   C. MODIFY COMMAND   D. MODIFY STRUCTURE

4. 命令 SELECT 0 的结果是_____。

   A. 选择了 0 号工作区   B. 选择了空闲的最小的工作区号

   C. 选择了一个空闲的工作区   D. 显示出错信息

5. 已知当前表文件 teacher.dbf 中包含 birthdate(出生日期)字段,类型为日期型,要求显示 1982 年以后(包括 1982 年)出生的教师信息,执行命令是_____。

   A. LIST FOR 出生年月>=1982   B. LIST FOR 出生年月>=82

   C. LIST FOR YEAR(出生年月)>=1982   D. LIST FOR YEAR(出生年月)>=82

6. 将课程表（course）中所有课程性质（charater）为"专业限选课"的学分（credits）减少一个学分的语句：_____。

    A. REPLACE ALL credits=credits-1

    B. REPLACE ALL credits WITH credits-1

    C. REPLACE ALL credits WITH credits-1 FOR charater="专业限选课"

    D. REPLACE ALL credits=credits-1 FOR charater="专业限选课"

7. 删除当前表中全部记录的命令是_____。

    A. DELETE ALL B. PACK   C. RECALL ALL   D. ZAP

8. 打开一个数据表后，执行下列命令序列后，则关于记录指针的位置说法正确的是_____。

    GO 8

    SKIP -7

    GO 7

    A. 记录指针停在当前记录不动   B. 记录指针的位置取决于记录的个数

    C. 记录指针指向第 1 条记录   D. 记录指针指向第 7 条记录

9. 当前表中有 10 条记录，当前记录号是 3，使用 APPEND BLANK 命令增加一条空记录后，当前记录的序号是_____。

    A. 4   B. 3   C. 1   D. 11

10. 每个工作区可以打开_____个表文件。

    A. 1   B. 2   C. 10   D. 任意个

11. 在 VFP 中，可以对字段设置默认值的表是_____。

    A. 必须是数据库表   B. 必须是自由表

    C. 自由表或数据库表   D. 不能设置字段的默认值

12. 数据库表移出数据后，变成自由表，该表的_____仍然有效。

    A. 字段的有效性规则   B. 字段的默认值

    C. 表的长表名   D. 结构复合索引文件中的候选索引

13. 在下列关于索引的叙述中，不正确的是_____。

    A. 一张数据库表只能设置一个主索引

    B. 唯一索引不允许索引表达式有重复值

    C. 候选索引既可以用于数据库表，也可以用于自由表

    D. 候选索引不允许索引表达式有重复值

14. 针对某数据库中的两张表创建永久关系时，下列叙述中不正确的是_____。

    A. 主表必须创建主索引或候选索引

    B. 子表必须创建主索引或候选索引或普通索引

C. 两张表必须有同名的字段

　　D. 子表中的记录数不一定多于主表

15. 数据库中添加表的操作时，下列叙述中不正确的是_____。

　　A. 可以将一个自由表添加到数据库中

　　B. 可以将一个数据库表直接添加到另一个数据库中

　　C. 可以在项目管理器中将自由表拖放到数据库中

　　D. 欲使一个数据库表成为另一个数据库的表，则必须先使其成为自由表

16. 数据库表的字段可以定义规则，其规则是_____。

　　A. 逻辑表达式　　　　　　　　　　　B. 字符表达式

　　C. 数值表达式　　　　　　　　　　　D. 以上说法都不对

17. 在数据库文件中不保存_____。

　　A. 默认值　　　　B. 有效性规则　　　　C. 主索引　　　　D. 普通索引

18. 如果指定参照完整性的插入规则为"限制"，则当在子表中插入记录时_____。

　　A. 会自动在父表中插入相关记录

　　B. 会自动在父表中插入一条空白记录

　　C. 若父表中没有相匹配的连接字段值，则禁止在子表中插入子记录

　　D. 不做参照完整性检查，可以随意插入子记录

19. 在 VFP 中设置参照完整性，要想设置成：当更改父表中的主关键字段或候选关键字段时，自动更改所有相关子表记录中的对应值，应选择_____。

　　A. 限制　　　　　B. 忽略　　　　　　C. 级联　　　　　　D. 级联或限制

20. 在设置数据库中数据表之间的永久关系时，以下说法正确的是_____。

　　A. 父表必须建立主索引或候选索引，子表可以不建立索引

　　B. 父表必须建立主索引或候选索引，子表可以建立普通索引

　　C. 父表必须建立主索引或候选索引，子表必须建立候选索引

　　D. 父表、子表都必须建立主索引或候选索引

二、填空题

1. VFP 中的数据表分为_____表和_____表两种，它们的扩展名均为_____。

2. VFP 表的日期型字段的宽度为_____，逻辑型字段宽度为_____，备注型和通用型字段的宽度为_____。

3. 在 VFP 中，删除表中的记录通常分为两个步骤，分别称为_____删除和_____删除。

4. VFP 中结构复合索引文件的扩展名是_____。

5. 在不使用索引的情况下，为了定位满足某个条件的记录应该使用_____命令，若要继续查找可使用_____命令。

6. 当数据表非空时,执行 GO TOP 命令后,函数 BOF()返回的值是_____,当执行 GO BOTTOM 命令后,函数 EOF()返回的值是_____。

7. 参照完整性可以设置表的_____、_____和_____规则。

8. 为了确保相关数据库表之间数据的一致性,需要设置_____规则。

9. 在 VFP 中,一个数据表只能属于_____个数据库。

10. 主索引或候选索引的关键字的值必须是_____,一个数据库表可以建立_____个主索引和_____个候选索引。

三、设计题

1. 创建一个名为"sslab"商品销售数据库,在该数据库中创建三张表:顾客表、订单表、商品表,表结构如下:

顾客表(顾客号 C(6),顾客名 C(10),地址 C(30),应付款 N(10,2))

订单表(顾客号 C(6),商品号 C(4),数量 I)

商品表(商品号 C(4),商品名 C(20),单价 N(8,2),产地 C(20))

2. 为顾客表、订单表和商品表创建以下索引:

(1) "顾客表"主索引名和索引表达式均为"顾客号";"商品表"主索引的索引名和表达式均为"商品号";"订单表"主索引的索引名为 cc_g,索引表达式为"顾客号+商品号"。

(2) 为订单表建立两个普通索引:顾客号和商品号(升序),索引名与字段名相同。

3. 通过顾客号建立顾客表与订单表之间的永久联系,通过商品号建立商品表与订单表之间的永久联系。然后为以上建立的永久联系设置参照完整性约束:更新规则为"级联",删除规则为"限制",插入规则为"限制"。

第4章 查询和视图

Visual FoxPro 提供了查询和视图两种可以快速、简洁、方便地访问数据的方法。本章将详细介绍查询和视图的创建和使用。

4.1 查询概述

查询提供了一种快速、简单和方便对数据进行检索和统计的方法。数据查询是指从指定的数据表或视图中提取满足条件的记录，并按照指定的输出类型输出查询结果的过程。一般是向一个或多个数据表或视图发出检索信息的请求，同时可使用一些条件提取特定的记录。

查询方式一般有选择查询和投影查询，其中选择查询包括单表查询和多表查询。例如：从 student 数据表中查询来自江苏无锡的学生信息，属于单表查询；如果查询计算机工程学院学生的成绩信息，需从 department、student 以及 sscore 三张数据表中获得所需的数据，则属于多表查询；还可以从 teacher 数据表中查询教师的工号和姓名，就属于投影查询。

无论是单表查询还是多表查询或投影查询，都必须基于确定的数据源。查询的数据源可以是自由表、数据库表或视图。

4.2 创建查询

Visual FoxPro 系统提供了查询向导和查询设计器两种创建查询的方法。无论采用何种方法创建查询，都会建立一个由 SQL SELECT 语句构成的程序文件，其扩展名为.qpr。

4.2.1 查询向导

用查询向导建立查询文件有以下两种操作方法：

方法一：打开项目管理器，在"数据"选项卡中选择"查询"选项，单击"新建"按钮，在打开的对话框中单击"查询向导"按钮，根据弹出的对话框顺序选择需要的选项，即可完成查询文件的建立。

方法二：选择"文件"菜单中的"新建"命令，在弹出的"新建"对话框选择"查询"选项，再单击"向导"按钮，根据弹出的对话框顺序选择相应的选项，同样可以创建查询文件。

用查询向导创建查询操作比较简单，在此不再详细介绍。

4.2.2 查询设计器

查询设计器是 Visual FoxPro 提供的一个可视化创建和设计查询文件的工具。它比查询向导功能强大。下面以一个实例介绍如何创建查询文件的过程以及查询设计器各选项卡的使用。

[例 4.1] 根据学生表（student）和成绩表（sscore）查询学院代号为"11"和"12"学院的选课门数为 5 门以上的每位学生的学号、姓名、平均成绩、总成绩以及选课门数，查询结果按平均成绩降序排序，平均成绩相同时再按选课门数升序排序。

操作步骤如下：

1. **打开查询设计器**

查询设计器的打开方式有以下两种：

（1）在命令窗口中执行命令：CREATE QUERY <查询文件名>|?

（2）选择"文件"菜单中的"新建"命令，在弹出的"新建"对话框中选择"查询"选项，再单击"新建文件"，打开如图 4.1 所示的查询设计器界面。

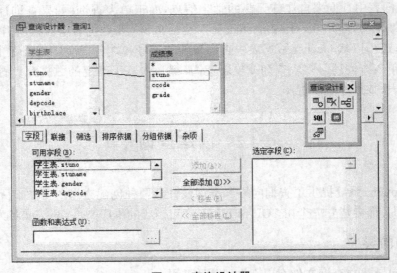

图 4.1　查询设计器

其中上半部分为数据显示区，用于显示查询的数据源；下半部分为查询设置区，用于设置查询的选项，其中包括输出字段、联接、筛选、排序依据、分组依据以及杂项六个选项卡。

2. 数据显示区

数据显示区主要用于存放查询的数据源,如数据表或视图。如果有多个数据表或视图,则该区域还会显示数据表或视图之间的连接。

(1) 添加数据表或视图

当查询设计器打开后,系统将自动弹出"添加表或视图"对话框,以确定查询所需的数据源,如图 4.2 所示。

在"添加表或视图"对话框中,如果数据库已打开,则从"数据库"下拉框中选择指定的数据库,该数据库中的数据表将显示在"数据库中的表"列表框中,从中选中某个数据表,单击"添加";如果添加视图,则需先选中"选定"框架中的"视图"选项,再从列表框中选择指定数据库中的视图;如果用户所需的数据不在当前列表中,则单击"其他"按钮,在弹出的"打开"对话框中选择指定目录下的数据表。

图 4.2　"添加表或视图"对话框

本例将 stum 数据库中的"学生表"和"成绩表"添加到数据源中。

在进行多表查询时,需要把所有有关的数据表或视图添加到数据区,并为这些数据表建立联接。在添加数据表或视图时,如果在数据库中数据表间已存在永久关系,则联接关系会自动添加;否则在弹出的"联接条件"对话框中直接设置数据表之间的联接关系,如图 4.3 所示建立学生表和成绩表的联接关系。

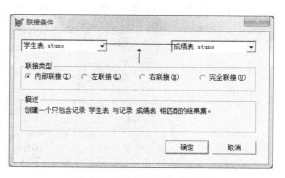

图 4.3　"联接条件"对话框

(2) 删除数据表或视图

如果要删除数据表或视图,可在"数据显示区"选中要删除的数据表或视图,然后右击鼠标,在快捷菜单中选择"移去表",即可删除数据表或视图。

注意:在向数据显示区添加数据表或视图时,不要添加多余的数据表或视图。

3. "字段"选项卡

字段选项卡用于设置查询的输出列,它可以是数据源中的字段,也可以是表达式。

(1) 如果输出数据源中的字段,则从"可用字段"中选择数据表的一个或多个字段,单击"添加"按钮,将选定字段添加到"选定字段"列表框中。

例如将"学生表"中的"stuno"和"stuname"字段添加到"选定字段"列表框中,如图 4.4 所示。

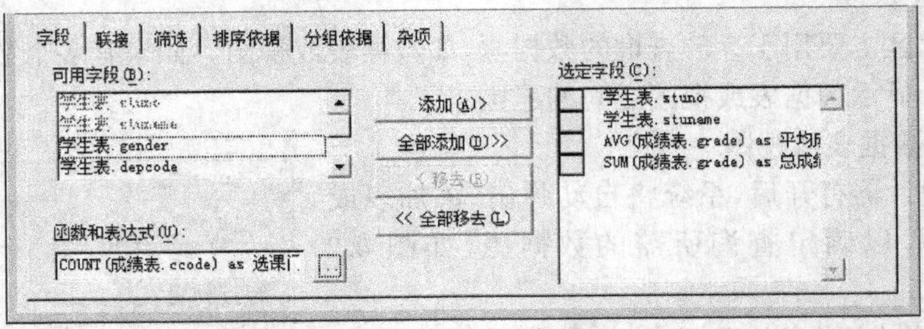

图 4.4   设置"选定字段"

（2）如果输出列是表达式，则需要在"函数和表达式"框或单击"…"按钮，在"表达式生成器"对话框中构造表达式，并将其添加到选定字段中，则表达式的值作为单独的列将在查询结果中输出。

在构造表达式时，其语法格式如下：

        函数或表达式 [as 输出项标题]

在本例中要输出每位学生的平均成绩、总成绩以及选课门数，需分别构造表达式。如图 4.5 所示利用表达式生成器构造表达式，输出"选课门数"。

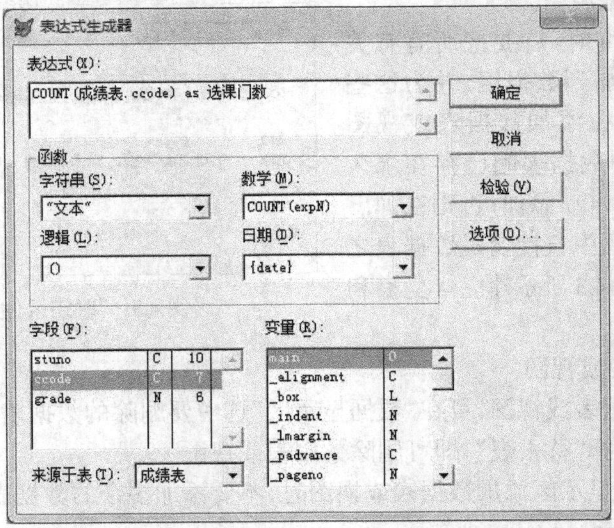

图 4.5   表达式生成器

4. "联接"选项卡

联接选项卡用于指定联接表达式，用它来匹配多个数据表或视图中的记录。该选项只有在实现多表查询时使用。在 VFP 中提供了内联接、左联接、右联接和完全联接等四种联接类型,如表 4.1 所示。

表 4.1　联接类型

联接类型	说明
内联接	两个数据表中满足联接条件的记录进行联接
左联接	联接条件左边数据表中所有的记录与右边满足联接条件的记录进行联接
右联接	联接条件右边数据表中所有的记录与左边满足联接条件的记录进行联接
完全联接	两个数据表中所有记录进行联接,无论它们是否匹配

当联接条件设置以后,在查询设计器的数据显示区可以看到联接的数据表之间有一条连线,同时在查询设计器的"联接"选项卡中将产生一行对应的联接条件,如图 4.6 所示。

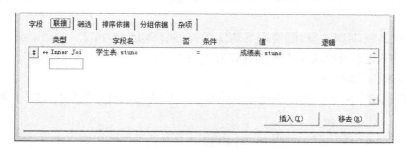

图 4.6　"联接"选项卡

在"联接"选项卡中可以修改联接条件或联接类型,也可以添加或删除联接条件。如果要添加新的联接,选择"插入"按钮;如果要删除已建立的联接,可单击"移去"按钮删除一个联接条件或在数据显示区单击联接线,再按[Delete]键可将联接关系删除。

注意:在建立联接条件时,如果两个数据表是一对多关系,则一般"一"表(主表)的字段在左边,"多"表(子表)的字段在右边。

5. "筛选"选项卡

筛选选项卡用于设置筛选条件,通过筛选条件可以对数据源中的记录进行筛选。筛选条件由一个或多个逻辑表达式构成,每一行就是一个逻辑表达式,表达式之间可以进行 AND 和 OR 两种逻辑运算,如图 4.7 所示筛选条件描述了查询学生表中满足"学生表. depcode='01' OR 学生表.depcode='02'"的记录。

设置筛选条件时,首先从"字段名"列中选择一个字段或构造一个与字段相关的表达式,然后从"条件"下拉列表框中选择运算符,最后在"实例"文本框中输入值。其中"条件"下拉列表框中的运算符包括:=、>、<、>=、<=、LIKE、IS NULL、Between 和 In。这些运算符的使用将在下一章详细介绍。需要说明的是:

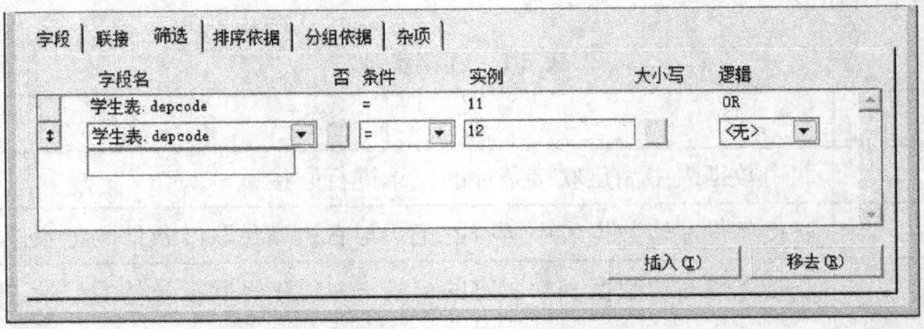

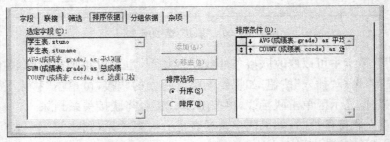

图 4.7   "筛选"选项卡

在构造表达式时,要注意实例中的值应为指定数据类型的格式。

① 如果输入字符串,则要用字符串定界符。若字符串与字段名不相同,定界符可以省略,如图 4.7 所示。

② 如果输入日期型常量,则要用日期定界符,如{^2015-08-20}。

③ 如果输入逻辑型常量,其常量值应为.T.或.F.。

6. "排序依据"选项卡

排序依据选项卡用于设置查询结果中输出记录的排列顺序。"排序依据"选项卡如图 4.8 所示。

图 4.8   "排序依据"选项卡

排序依据设置时,首先从选定字段中选择排序的字段或分组的字段,然后将其添加到排序条件列表框中,并设置排序选项,系统默认为升序。排序设置后,字段名前的箭头表示升序或降序。"排序条件"列表框中字段的顺序决定了排序的优先级。

在本例中要求查询结果先按平均成绩降序排序,如果平均成绩相同,再按选课门数升序排序,其设置如图 4.8 所示。

7. "分组依据"选项卡

分组依据选项卡用于对数据源中的记录按一个或多个字段进行分组,可以对一组内的记录进行统计计算,如统计记录个数、求总和、求平均值等,其计算的结果将作为一条输出记录。

本例中要统计每位学生的总成绩、平均成绩以及选课门数,则必须按学生表的"学号"字段进行分组,将同一个学生的所有成绩分为一组,在组内求总成绩、平均成绩以及选课门数。

因此根据分组依据将可用字段中学生表的"学生表.stuno"字段添加到分组字段列表框中,如图 4.9 所示。

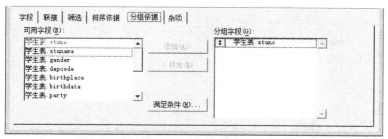

图 4.9　"分组依据"选项卡

在进行分组统计时,常常会用到一些系统函数,用于数据统计。这些函数有 COUNT( )、SUM( )、AVG( )、MAX( )和 MIN( )等,其函数的功能如表 4.2 所示。

表 4.2　常用的统计函数

函数名	说明
COUNT	求组中记录个数
SUM	求表达式中所有值的总和
AVG	求表达式中所有值的平均值
MAX	求最大值
MIN	求最小值

如果在分组的基础上,还需要对统计结果再进行筛选,即取查询结果记录的子集,可单击"分组依据"选项卡页面上的"满足条件"按钮,然后在打开的"满足条件"对话框中设置。如图 4.10 所示设置了选课门数大于等于 5。

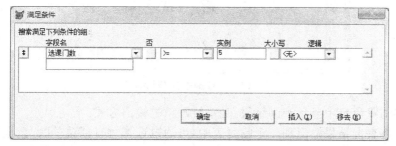

图 4.10　"满足条件"对话框

注意:满足条件通常与分组结合使用。

8. "杂项"选项卡

杂项选项卡用于设置查询结果中是否允许重复记录,或者指定输出查询结果的记录范围。杂项选项卡如图 4.11 所示。

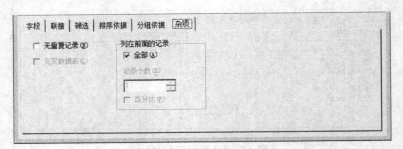

图 4.11 "杂项"选项卡

说明:如果要排除查询结果中所有重复的记录,则选择"无重复记录"复选框;若要设置查询结果的记录范围,则查询结果的记录范围有三种选择:全部、前 n 个记录和前 n% 个记录,默认是全部记录。

注意:在设置前 n 个记录或前 n% 个记录的查询结果前提是必须有排序依据,即对查询结果必须按输出列排序。

9. 查询输出去向

在查询设计器中右击鼠标,在弹出的快捷菜单中选择"输出设置"或在"查询设计器工具栏"上选择"查询去向"按钮,在打开的"查询去向"对话框中设置查询结果输出去向,如图 4.12 所示。

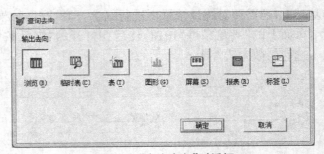

图 4.12 "查询去向"对话框

浏览:在浏览窗口中显示查询结果,是系统默认的输出方式。

临时表:将查询结果输出到一个临时表中,可通过选择"窗口"菜单的"数据工作期"浏览生成的临时表。该临时表存放在内存中,当临时表被关闭时,将从内存中删除。

表:将查询结果保存到一个数据表文件(.DBF)中,表文件将永久保存在磁介质上。

图形:使查询结果可用于 Microsoft Graph 应用程序。

屏幕：将查询结果输出到 Visual FoxPro 的主窗口或当前活动输出窗口上。

报表：将查询结果保存到一个报表文件中。

标签：将查询结果保存到一个标签文件中。

10．保存并运行查询文件

当查询的各个选项卡设置好后，单击常用工具栏上的"保存"按钮或执行"文件"菜单的"保存"命令，在弹出的"另存为"对话框中指定文件目录，并在"保存文档为"文本框中输入文件名：student_sscore_query，单击"确定"按钮，即可在指定文件目录下生成一个扩展名为.qpr的查询文件。

在查询设计器打开状态下，单击常用工具栏上的"　！　"按钮，或执行"查询"菜单中的"运行查询"命令即可运行查询。也可以在命令窗口执行查询文件，其语法格式为：

　　　　DO <查询文件名>.qpr

例如，执行已建立的查询，在命令窗口执行以下语句：

　　　　DO student_sscore_query.qpr

11．查看 SELECT-SQL 语句

在 VFP 中查询本质上是定义了一条 SQL SELECT 语句。该语句可通过单击"查询"菜单中的"查看 SQL"菜单项，在弹出的如图 4.13 所示的窗口中查看已创建的查询文件的 SELECT-SQL 语句，该语句将在第 5 章详细描述。

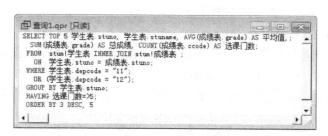

图 4.13　"SELECT-SQL 语句"显示窗口

4.3　视图概述

视图是从一个或多个数据表或视图中提取的一组记录，是基于 SELECT-SQL 语句的，其结构和数据建立在对数据表的查询基础上的。但视图是一张虚表，是存储在数据库中的一张虚表，即视图中的数据是从已有的数据表中提取出来，但并不像数据表一样存储在数据库中。它只是存储了视图的定义，是存储在所属数据库中的一条 SELECT-SQL 语句，不以独立的文件存储。

　　当视图定义好后,可以像数据表一样浏览、查询、修改或作为数据源再次导出其他视图。当通过视图看到的数据发生变化时,相应数据源表的数据也会发生变化,同时,如果数据源表的数据发生变化,则这种变化也可以自动反映到视图中。

　　视图和查询都是从数据表中提取指定的记录,但它们之间也有区别。区别是视图不仅具有查询的功能,还可以改变视图中的数据并把更新结果返回到源数据表,进而改变源数据表的数据,而查询仅从数据表中检索或统计数据。视图保存在数据库中,不以独立的文件存储,而查询是以独立的文件存储的。

4.4　创建视图

　　视图分为两种类型:本地视图和远程视图。本地视图使用 SQL 语句查询存储在本地计算机上的表或视图中的数据;远程视图使用 SQL 语句在 ODBC 数据源表中选择数据。本节仅介绍本地视图的创建和使用方法。

4.4.1　本地视图

　　Visual FoxPro 提供两种创建本地视图的方法:视图设计器和 CREATE SQL VIEW 语句,其中 CREATE SQL VIEW 语句将在第 5 章详细介绍。

　　创建视图时,首先必须打开数据库,然后执行“数据库”菜单中的“新建本地视图”菜单项。视图的创建方法与查询类似,但视图设计器多了一个“更新条件”选项卡,“字段”选项卡多了一个“属性”按钮,可以为每一个选定字段设置属性。视图设计器如图 4.14 所示。

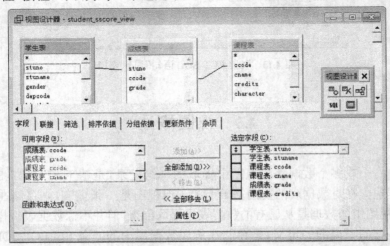

图 4.14　视图设计器

[例 4.2] 在数据库 stum 中创建一个名为 student_sscore_view 的视图,如图 4.14 所示。
实现过程如下:

(1) 打开数据库 stum,执行"新建本地视图",然后分别添加 student、sscore 和 course 三张数据库表,表间关系在数据库中已建立,因此自动产生联接关系。

(2) 在"可用字段"选项卡中分别选定:学生表.stuno、学生表.stuname、课程表.ccode、课程表.cname、成绩表.grade 以及课程表.credits 六个字段。

(3) 单击常用工具栏上的"保存"按钮,在弹出的"保存"对话框中输入视图名:student_sscore_view。

(4) 查看 stum 数据库设计器,其中就有一个名为 student_sscore_view 的视图。

4.4.2 使用视图

当视图创建后,就可以像使用数据表一样使用,例如可以打开、浏览视图,可以修改或删除视图,还可以利用数据字典定制视图。

1. 浏览视图

在项目管理器中选择视图或在数据库设计器中选择视图,单击"浏览"按钮,就可以浏览视图;或使用 USE 命令打开视图,用 BROWSE 命令浏览视图。

[例 4.3] 在命令窗口执行命令,打开并浏览例 4.2 创建的 student_sscore_view 视图。
实现过程如下:

OPEN DATABASE stum

USE student_sscore_view

BROWSE

当一个视图在使用时,将作为临时表在自己的工作区中打开,同时视图所基于的数据源表也同时在其他工作区中被分别打开了。如本例中,当打开了 student_sscore_view 视图后,该视图的三张基表也同时被打开。选择"窗口"菜单中的"数据工作期",在弹出的"数据工作期"窗口中查看视图以及基表的打开状态,如图 4.15 所示。

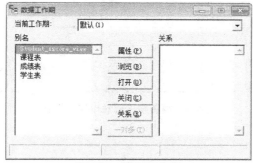

图 4.15 数据工作期

说明：视图是数据库上的一张虚表。因此在编辑视图时，首先必须打开视图所在的数据库。

2．关闭视图

当视图浏览后，可通过数据工作期中的"关闭"按钮或使用 USE 命令关闭视图。视图关闭后，自动打开的本地基表并不随视图的关闭而关闭。

3．修改或删除视图

在项目管理器中或在数据库设计器中都可以对已建立的视图进行修改或删除，也可以采用命令方式。

[例 4.4] 用命令方式打开、修改以及删除例 4.2 创建的 student_sscore_view 视图。

实现过程如下：

    OPEN DATABASE stum

    MODIFY VIEW student_sscore_view   && 打开视图设计器

    DELETE VIEW student_sscore_view   && 删除视图

4．用数据字典定制视图

视图存在于数据库中，与数据库表一样可以为视图设置字段规则、信息、默认值、注释以及显示格式等属性。在视图设计器的"字段"选项卡中选择"属性"按钮，在打开的"视图字段属性"对话框中设置，如图 4.16 所示。

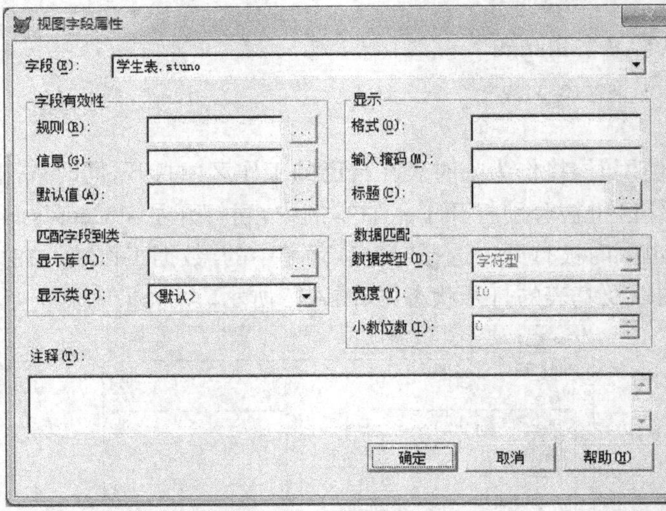

图 4.16 视图字段属性设置对话框

4.4.3 用视图更新源表

视图不仅可以查询基表的数据,还可以利用视图更新基表的数据。在视图设计器中的"更新条件"选项卡页面可以设置对视图数据的修改"回送"到数据源中的方式,如图 4.17 所示。

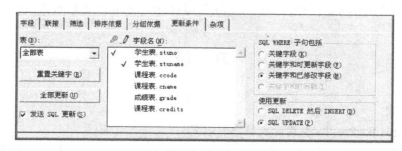

图 4.17 "更新条件"选项卡

1. 指定更新的表

在"表"下拉列表框中选择指定的表,则在"字段名"列表中列出选定表中的字段,至少应设置一个字段为"主关键字"和"可更新字段",系统默认更新"全部表"。

"发送 SQL 更新"复选框用于设置是否允许对基表的更新,若要更新基表,则需选中该复选框。

2. 指定可更新的字段

Visual FoxPro 用关键字段来唯一表示那些已在视图中修改过的源表的更新记录。设置"关键字段"可用来检验更新冲突。

在"更新条件"页面中,单击字段名左侧的 ♪,可以设置为关键字段或取消设置。若要把对关键字段的设置恢复到源表中的初始状态,可单击"重置关键字"按钮。

如果要设置指定表的部分或全部字段允许更新,首先必须在该表的字段中设置一个关键字段,然后单击字段名左侧的 ♪ 列的更新字段,如图 4.17 中设置了学生表的"stuno"字段为主关键字,"stuname"字段为可更新字段。

3. 控制更新冲突检测

在"更新条件"选项卡页面的"SQL WHERE 子句包括"框中可设置将哪些字段添加到UPDATE-SQL 语句的 WHERE 子句中。这样,在将视图修改传送到基表时就可以检测服务器上的更新冲突。

"冲突"与否是与视图中的原始数据值与原始表的当前值之间的比较结果决定的。如果两个值相等,则认为原始值未做修改,不存在冲突;如果它们不相等,则存在冲突,数据源返回一条错误信息。

在"SQL WHERE 子句包括"框中包含 4 个选项按钮。

◆ 关键字段:当源表中的字段被改变时,更新失败。

◆ 关键字和可更新字段:当远程表中任何标记为可更新的字段被改变时,更新失败。

◆ 关键字和已修改字段:当在本地改变的任一字段在源表中已被改变时,更新失败。

◆ 关键字段和时间戳:当远程表上记录的时间戳在首次检索之后被改变时,更新失败。

习　题

一、选择题

1. 在 Visual FoxPro 中,查询的数据源可以是_____。

    A. 临时表　　　　　B. 数据库表　　　　　C. 视图　　　　　　　D. 以上均可

2. 运行查询 ab.qpr 文件的命令是_____。

    A. USE ab　　　　　B. USE ab.qpr　　　　C. DO ab.qpr　　　　D. DO ab

3. 默认查询的输出形式是_____。

    A. 浏览　　　　　　B. 图形　　　　　　　C. 报表　　　　　　　D. 表

4. 查询设计器中的"筛选"选项卡的作用是_____。

    A. 查看生成的 SQL 代码　　　　　　B. 指定查询记录的条件

    C. 选择查询结果的字段输出　　　　　D. 增加或删除查询表

5. 有关查询设计器,正确的描述是_____。

    A. "筛选"选项卡与 SQL 语句的 ORDER BY 短语对应

    B. "排序依据"选项卡与 SQL 语句的 FROM 短语对应

    C. "分组依据"选项卡与 SQL 语句的 GROUP BY 短语和 HAVING 短语对应

    D. "联接"选项卡与 SQL 语句的 WHERE 短语相对应

6. 在使用查询设计器创建查询时,为了指定在查询结果中是否包含重复记录,应使用的选项卡是_____。

    A. 筛选　　　　　　B. 排序依据　　　　　C. 杂项　　　　　　　D. 联接

7. "视图设计器"比"查询设计器"多出的选项卡是_____。

    A. 字段　　　　　　B. 排序依据　　　　　C. 更新条件　　　　　D. 联接

8. 有关查询与视图,下列说法中不正确的是_____。

    A. 查询是只读型数据,而视图可以更新数据源

    B. 查询可以更新数据源,视图也有此功能

    C. 视图具有许多数据库表的属性,利用视图可以创建查询和视图

D. 视图可以更新源表中的数据,存储于数据库中

9. 以下关于"视图"的描述正确的是_____。

　　A. 视图保存在视图文件中　　　　　　B. 视图保存在表文件中

　　C. 视图保存在项目文件中　　　　　　D. 视图保存在数据库中

10. 要对查询结果进行分类统计,应在_____选项卡上进行。

　　A. 字段　　　　　　B. 排序　　　　　　C. 筛选　　　　　　D. 分组依据

二、填空题

1. 在"查询设计器"中,_____选项卡用于设置将查询结果中的重复记录取消,只保留重复记录一次。

2. 查询文件的扩展名为_____。

3. 在 VFP 中创建多表查询时,表之间的四种联接类型分为内部联接、左联接、右联接和_____。

4. 如果要将查询结果按指定顺序输出,应在查询设计器中的_____选项卡中设置排序依据。

5. 在查询设计器中_____选项卡与 SQL 语句的 WHERE 短语对应。

6. 在 Visual FoxPro 中视图可以分为_____视图和远程视图。

7. 在 VFP 中为了通过视图修改源数据表中的数据,则需要在视图设计器的_____选项卡中设置有关属性。

8. 在某一数据库中有一个视图 viewone,打开该视图的命令:_____ viewone

三、设计题

1. 利用查询设计器创建一个查询文件,根据学生表(student)、课程表(course)和成绩表(sscore)三张表查询每门课程的最高分,并将结果存储到 max.dbf 表文件(该表的字段是课程名称和分数)。

2. 创建一个查询文件,按学院分类显示每位教师的基本信息。

3. 利用查询设计器创建一个查询文件,查询有不及格成绩的课程名称。

4. 在数据库 stum 上创建一个视图,根据学生表(student)、课程表(course)和成绩表(sscore)三张表统计男、女生在"大学计算机信息技术"课程上各自的最高分、最低分和平均分。输出列包含性别、最高分、最低分和平均分 4 个字段,结果按性别升序排序。

第 5 章　结构化查询语言

用户使用数据库时需要对数据表进行数据的添加、删除、修改以及查询等操作，还可能需要定义和重新修改数据模式等。因此关系数据库管理系统必须为用户提供相应的命令或语言（即 SQL 语言）来支持，这就构成了用户与数据库之间的接口。

本章将详细介绍 SQL 语言所包含的数据定义、数据操纵和数据查询等功能，其中数据查询是本章的重点。

5.1　SQL 概述

SQL 语言是结构化查询语言（Structured Query Language）的缩写，它是一种介于关系代数和关系演算之间的语言，是关系数据库的标准语言。其功能包括数据定义、数据操纵和数据控制三个部分，是功能极强的关系数据库语言。SQL 语言简洁、方便实用、功能齐全，语言本身接近自然语言，易学易用，已成为目前应用最广的关系数据库语言。

SQL 语言的基本部分主要包括三个方面：

（1）数据定义语言 DDL（Data Definition Language），定义数据库结构，包括定义数据表、视图和索引等。

（2）数据操纵语言 DML（Data Manipulation Language），包括查询、插入、删除和修改数据库中数据的操作。

（3）数据控制语言 DCL（Data Control Language），包括对数据库的安全控制、完整性控制以及对事务的定义、并发控制和恢复等。

绝大多数关系数据库系统都支持结构化查询语言，它已经发展成为多种平台进行交互操作的底层会话语言。在 Visual FoxPro 中并不支持所有的 SQL 语言，只支持 SQL 语言中的数据定义、数据查询和数据操纵。

本章以"教学管理数据库"为例讲解 SQL 语言。该数据库名为 stum，其中包括八张数据表，这八张表的结构见附录。

5.2 数据表定义

定义数据表的实质就是定义表结构及约束等。在定义前,先要设计表结构,即确定表的名称、表中包含的字段名、字段的类型、字段的宽度、是否可为空值、需要的索引以及索引类型;如果是数据库表还要确认默认值情况、是否使用以及何时使用约束和规则设置等。

1. 定义表

CREATE TABLE 是用于定义表的语句,该语句基本格式为:

CREATE TABLE|DBF <表名> [NAME <长表名>] [FREE]

(<字段名 1> <字段类型>(<字段宽度>[, <小数位数>])

[NULL|NOT NULL] [CHECK <逻辑表达式> [ERROR <提示信息>]]

[DEFAULT <默认值>]

[PRIMARY KEY|UNIQUE]

[, <字段名 2> <字段类型>(<字段宽度>[, <小数位数>])…], …)

该语句的功能是定义数据表的结构,在定义数据表的同时定义该表有关的完整性约束,包括字段级完整性约束和表级完整性约束。其中字段级完整性约束的作用范围仅限于某个字段,而表级完整性约束的作用范围是整个表。

说明:

(1) 如果执行命令时已打开一个数据库,则建立的是数据库表,如果使用[FREE]子句,创建的是自由表。

(2) NAME 子句定义长表名。

(3) NULL|NOT NULL 选择字段的值是否允许为空值。

(4) DEFAULT 子句取默认值。

(5) CHECK 子句检查约束,限制字段的取值范围。

(6) ERROR 子句定义执行有效性规则时显示的提示信息。

(7) PRIMARY KEY|UNIQUE 子句定义该字段为主关键字或候选关键字。

注意:在自由表中只能设置 NULL|NOT NULL、UNIQUE 等约束,而数据库表既可设置字段级所有完整性约束,还可设置表级完整性约束。

[例 5.1] 定义学生表(student)的 SQL 语句如下:

CREATE TABLE student(stuno C(10) NOT NULL PRIMARY KEY,;

stuname C(8) NOT NULL, gender C(2) default "女", depcode C(2),;

birthplace C(12), birthdate D, party L)

在本例中定义学生表时,定义了学号(stuno)和姓名(stuname)字段为非空,并且设 stuno

为主关键字；性别（gender）字段默认值为"女"。

说明：默认值的类型必须与该字段类型一致。

[例 5.2] 定义成绩表（sscore）的 SQL 语句如下：

     CREATE TABLE sscore（stuno C(10) NOT NULL,；

     ccode C(7) NOT NULL, grade N(5,1) CHECK grade>=0 and grade<=100;

     ERROR "成绩应在 0~100 之间"）

在本例中定义成绩表时，设置了成绩（grade）字段的取值范围为 0~100 之间，并设置了出错信息提示"成绩应在 0~100 之间"。

说明：例 5.1 和 5.2 创建的是数据库表，因此创建时首先必须打开指定的数据库。

[例 5.3] 定义课程表（course）的 SQL 语句如下：

     CREATE TABLE course FREE（ccode C(7) NOT NULL UNIQUE,；

     cname C(20), credits N(3,1), depcode C(2), character C(10), examway C(4)）

在本例中定义一个自由表：课程表，并设置了课程代号（ccode）字段为候选关键字。

2. 修改基本表

ALTER TABLE 语句用于更改基本表结构，包括增加字段、删除字段、修改字段以及设置字段属性和表属性等。该语句格式有两种：表字段属性和表属性。

（1）修改表字段属性，语句基本格式如下：

     ALTER TABLE <表名>

     ALTER [COLUMN] <字段名> <字段类型>(<字段宽度>[, <小数位数>])

     [NULL|NOT NULL]

     [SET CHECK <逻辑表达式> [ERROR <提示信息>]]

     [SET DEFAULT <默认值>]

     [DROP CHECK]

     [DROP DEFAULT]

该语句的功能是修改字段的属性包括设置字段的类型、宽度、小数位数、是否为空以及字段的规则、出错信息、默认值；或删除字段的规则、默认值等。

（2）修改表属性，语句基本格式如下：

     ALTER TABLE <表名>

     [ADD [COLUMN] <字段名> 字段类型(字段宽度 [, <小数位数>])]

     [DROP COLUMN <字段名>]

     [RENAME COLUMN <字段名 1> TO <字段名 2>]

     [SET CHECK <逻辑表达式> [ERROR <提示信息>]]

     [ADD PRIMARY KEY <主关键字> TAG <索引名>]

     [ADD UNIQUE <候选关键字> TAG <索引名>]

[DROP PRIMARY KEY <索引名>]

　　　　[DROP UNIQUE <索引名>]

　　　　[DROP CHECK]

　　该语句的功能是修改表的属性包括增加字段、删除字段、字段重命名、设置表记录级规则、增加主索引或候选索引、删除主索引或候选索引以及删除表记录级规则等。

　　[例 5.4] 修改学生表(student)结构,为该表中性别(gender)字段设置规则"性别为男或女"以及出错信息的 SQL 语句如下:

　　　　ALTER TABLE student ALTER COLUMN gender;

　　　　SET CHECK gender="男" OR gender="女" ERROR "性别只能为男或女"

　　若要删除表中某字段的规则以及出错信息,如删除本例中设置的性别(gender)字段的规则,其 SQL 语句如下:

　　　　ALTER TABLE student ALTER COLUMN gender DROP CHECK

　　[例 5.5] 修改学生表(student)结构,为该表增加"简历"字段,字段类型为备注型的 SQL 语句如下:

　　　　ALTER TABLE student ADD COLUMN 简历 M

　　在本例中"简历"字段类型为备注型,字段宽度是固定的,可省略不写。

　　[例 5.6] 将例 5.5 中学生表(student)添加的"简历"字段名称修改为 resume 的 SQL 语句如下:

　　　　ALTER TABLE student RENAME COLUMN 简历 TO resume

　　若要删除表中某字段,如删除本例中修改的字段 resume,其 SQL 语句如下:

　　　　ALTER TABLE student DROP COLUMN resume

　　[例 5.7] 修改成绩表(sscore),为该数据表增加主关键字,其 SQL 语句如下:

　　　　ALTER TABLE student ADD PRIMARY KEY stuno+ccode TAG stu_cc

　　在本例中为成绩表设置了主索引,索引名为 stu_cc,索引表达式为 stuno+ccode。

3. 删除基本表

当确定不再需要某个表时,可删除它。DROP TABLE 语句用于删除表,其语句格式为:

　　　　DROP TABLE <表名>

如果删除一个数据表时,该表的定义、表中的所有数据以及表的索引、触发器、规则等均被删除。

5.3　数据更新

　　当数据表结构创建后,就要对数据表记录进行更新操作,即数据更新。SQL 语言数据更新包括数据插入、数据修改和数据删除等操作。

5.3.1　数据插入

INSERT 语句的功能是向指定的数据表中插入记录，语句格式如下：
　　INSERT INTO <表名>[(<字段名 1>[,<字段名 2>],…)]
　　VALUES(<常量 1>[, <常量 2>],…)

该语句的功能是将 VALUES 子句中各常量组成的记录添加到<表名>所指定的表中。其中新记录的字段名 1 的值为常量 1，字段名 2 为常量 2，依次类推。

注意：如果某些列在 INTO 子句中没有出现，则新记录在这些字段上的值将取空值（NULL）。但如果在数据表定义时说明了属性列不能取空值（NOT NULL），则新记录在指定字段上必须指定一个值。如果 INTO 子句后没有指明任何属性列，则新插入的记录必须为表的每个属性列赋值，属性列的顺序与定义数据表时属性列的默认顺序相同。

[例 5.8]　向课程表（course）中插入一条新记录（"4210211","男子篮球初级班",2.0,"42","公共任选课","考查"）。
　　　INSERT INTO course;
　　　VALUES("4210211", "男子篮球初级班", 2.0, "42", "公共任选课", "考查")

本例中 INTO 子句后没有指出属性列，因此在 VALUES 子句中要按照 course 表中各属性列的顺序为每个属性列赋值。

说明：VALUES 子句中各常量值必须与对应的属性列字段类型相匹配。

[例 5.9]　向教师表（teacher）中插入一条新记录：工号（teano）为"41165"，姓名（teaname）为"张强"，性别（gender）为"男"，其他属性列取空值。
　　　INSERT INTO teacher(teano，teaname，gender);
　　　VALUES("41165", "张强", "男")

说明：若在 INTO 子句中指出了需赋值的属性列，则在 VALUES 子句中常量的个数应与 INTO 子句中指出的属性列的个数相同，并且一一对应赋值。而新记录在其他属性列上的值默认为空值。

5.3.2　数据修改

SQL 语言中用于修改表数据行的语句是 UPDATE，其语句格式如下：
　　UPDATE <表名> SET <字段名 1>=<表达式 1>[,<字段名 2>=<表达式 2>]…
　　[WHERE <条件表达式>]

该语句的功能是修改指定数据表中满足 WHERE 子句指定条件的记录。其中 SET 子句给出需修改的字段及其新的值。若不使用 WHERE 子句，则更新所有记录的指定字段值。

[例 5.10]　将教师表（teacher）中工号为"41165"教师的学历修改为"博士"。

UPDATE teacher SET education="博士" WHERE teano="41165"

该语句修改了数据表中某一条记录的一个字段值。

[例 5.11]　将教师表(teacher)中工号为"41160"教师的学院代号(depcode)改为"11",职称(tname)改为"副教授"。

UPDATE teacher SET decode="11",tname="副教授" WHERE teano="41160"

该语句修改了数据表中某一条记录的多个字段值。

5.3.3　数据删除

SQL 语言中删除数据可以使用 DELETE 语句来实现,其语句格式如下:

DELETE FROM <表名>[WHERE <条件表达式>]

该语句的功能是从指定的数据表中删除满足条件的元组。若省略 WHERE 子句,表示删除数据表中的所有行。

说明:DELETE 语句执行的是逻辑删除,而非物理删除。

[例 5.12]　删除教师表(teacher)中工号为"41165"的教师信息。

DELETE FROM teacher WHERE teano="41165"

[例 5.13]　删除所有教师信息。

DELETE FROM teacher

5.4　数据查询

数据查询是数据库的核心操作,SQL 语言用 SELECT 语句进行数据查询,该语句具有强大的功能和十分灵活的使用方式。

5.4.1　SELECT 语句结构

SQL 语句的基本格式如下:

SELECT [ALL|DISTINCT] [TOP n [PERCENT]] <目标表达式 1>[, <目标表达式 2>]…

FROM <表名或视图名>[, <表名或视图名>]…

[WHERE <条件表达式>]

[GROUP BY <分组列名>]

[HAVING <条件表达式>]

[ORDER BY <排序列名>[ASC|DESC]]

[INTO TABLE <表名.dbf>]

[INTO CURSOR <临时表名>]

[INTO ARRAY <数组名>]

[TO FILE <文本文件>]|[TO SCREEN]|[TO PRINTER]

该语句的功能是根据 WHERE 子句的条件表达式,从 FROM 子句指定的数据表或视图中找出满足<条件表达式>的元组,再按 SELECT 子句中的目标列表达式,输出记录形成结果数据。

其中,SELECT 语句的基本结构是"SELECT ...FROM ...WHERE"。SELECT 子句用于指定输出的目标列;FROM 子句指定数据来源于哪些数据表或视图;WHERE 子句用于指定查询条件;它们是 SELECT 使用最多的子句。在 SELECT 子句中,DISTINCT 表示去除重复行;TOP n 表示输出前 n 个记录,若增加 PERCENT,表示输出前 n% 个记录,其中 TOP 要结合 ORDER BY 子句使用。

<目标表达式>的定义如下:

① *:选择当前表或视图的所有字段。

② <表名>.*|<视图名>.*|<表的别名>.*:选择指定表或视图的所有字段。

③ 列名 [AS <列别名>]:选择指定的字段,其中 AS 子句指定列的别名,即列的标题。

④ <表达式>:选择构造的表达式。

GROUP BY 子句指定分组表达式,用于将查询结果按指定的列分组;HAVING 子句指定分组过滤条件;ORDER BY 子句指定排序表达式和顺序,即将查询结果按指定的列排序,默认为升序。INTO|TO 子句用于指定查询结果输出去向。

5.4.2　单表查询

单表查询指仅涉及一张表的查询。下面从选择属性列、选择行、对查询结果排序、使用统计函数、对查询结果分组、使用 HAVING 子句进行筛选等方面介绍使用 SELECT 语句实现单表的数据查询操作。

1. 选择属性列

选择数据表中的部分或全部属性列形成结果数据表,这相当于关系代数的投影运算。

（1）选择数据表中指定的属性列

[例 5.14]　查询学生表（student）中的 stuno,stuname,gender 和 birthplace。

SELECT stuno, stuname, gender, birthplace FROM student

（2）选择数据表中全部属性列

选择数据表中全部属性列,可在 SELECT 子句中指出各属性列的名称,也可在指定输出列的位置上使用"*"。

[例 5.15]　查询学生表中学生的全部信息。

SELECT stuno, stuname, gender, depcode, birthplace, birthdate, party, resume;

FROM student

也可以采用"*"代替数据表中所有字段,实现相同的功能。

      SELECT * FROM student

（3）更改结果列标题

当希望查询结果中的某些列或所有列在显示时使用自己选择的列标题时,可以在列名之后使用 AS 子句来更改查询结果的列标题名。

[例 5.16] 查询学生表中的 stuno,stuname,birthplace,结果中各列的标题分别指定为学号、姓名、籍贯。

      SELECT stuno AS 学号, stuname AS 姓名, birthplace AS 籍贯 FROM student

（4）去除重复行

一个数据表中本来并不完全相同的元组,当投影到指定的某些列上时,就可能变成相同的行了,可以用 DISTINCT 子句取消重复项,只保留重复项一次。

[例 5.17] 在 teacher 表中查询教师的学历情况。

      SELECT education as 学历 FROM teacher

执行该语句后,显示结果如图 5.1 所示,可见结果中包含了多个重复的行。若要去掉重复的行,必须指定 DISTINCT 关键字:

      SELECT DISTINCT education FROM teacher

执行该语句后,显示的结果如图 5.2 所示,结果中已消除了重复行。

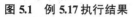

图 5.1　例 5.17 执行结果　　　图 5.2　使用 DISTINCT 子句后的执行结果

说明:关键字 DISTINCT 的含义是对结果集中的重复行只选择一个,保证行的唯一性。而当使用 ALL 关键字时,将保留结果集的所有行。当 SELECT 语句中省略 ALL 与 DISTINCT 时,默认值为 ALL。

2. 选择行

选择数据表中的部分或全部元组作为查询的结果,即查询满足条件的元组,这相当于关系代数的选择运算。查询满足条件的行通过 WHERE 子句实现。当选择部分元组作为结果时,就需要用 WHERE 子句对元组进行过滤。

构成 WHERE 子句条件表达式的运算符,也称谓词,在 SQL 语言中,返回逻辑值的运算符或关键字都称为谓词。这些谓词常见的有比较运算、指定范围、确定集合、字符匹配、空值比较以及逻辑运算等几类,如表 5.1 所示。可以将多个判定运算的结果通过逻辑运算符再组成更为复杂的查询条件。

表 5.1　常用查询条件

查询条件	谓词
比较运算	>, >=, <, <=,<>, !=, #, =, ==
指定范围	BETWEEN AND, NOT BETWEEN AND
确定集合	IN, NOT IN
字符匹配	LIKE, NOT LIKE
空值比较	IS NULL, IS NOT NULL
逻辑运算	AND, OR, NOT

（1）比较运算:用于比较两个表达式的值。比较运算的格式如下:

　　<表达式 1><比较运算符><表达式 2>

[例 5.18]　从 teacher 表中查询工龄在 10 年以上的教师信息。

　　SELECT * FROM teacher WHERE YEAR(DATE())-YEAR(workdate)>=10

（2）指定范围:用于查找字段值是否在指定的范围内。指定范围的关键字为 BETWEEN 和 AND,其格式如下:

　　<表达式> [NOT] BETWEEN <表达式 1>AND <表达式 2>

其中 BETWEEN 关键字之后是范围的下限,AND 关键字之后是范围的上限。当不使用 NOT 时,若表达式的值在表达式 1 和表达式 2 之间(包括这两个值),则返回.T.,否则返回.F.;使用 NOT 时,返回值正好相反。

[例 5.19]　从课程表(course)中查询学分在 1~3 之间(包括 1 和 3)的课程代号,课程名称等信息。

　　SELECT ccode, cname FROM course WHERE credits BETWEEN 1 AND 3

（3）确定集合:使用 IN 子句可以指定一个值表集合,值表中列出所有可能的值。当表达式与值表中的任意一个匹配时,则返回.T.,否则返回.F.。使用 IN 子句指定值表集合的格式如下:

　　<表达式> IN (<表达式 1>[,…<表达式 n>])

[例 5.20]　查询 student 表中籍贯为"北京"、"上海"或"重庆"的学生信息。

　　SELECT * FROM student WHERE birthplace IN("北京", "上海", "重庆")

与 IN 相对的是 NOT IN,用于查找列值不属于指定集合的行。

（4）字符匹配:LIKE 谓词用于进行字符串的匹配,LIKE 谓词表达式的格式如下:

<表达式>[NOT] LIKE <匹配串>

　　其含义是查找指定的列值与匹配串相匹配的行。匹配串可以是一个完整的字符串，也可以含有通配符（%代表 0 或多个字符）或（_代表 1 个字符）。

　　[例 5.21]　查找 student 表中姓"王"的学生信息。

　　　　SELECT * FROM student WHERE stuname LIKE "王%"

　　（5）空值比较：当需要判定一个表达式的值是否为空值时，使用 IS NULL 关键字，格式如下：

　　　　<表达式>IS [NOT] NULL

　　当不使用 NOT 时，若表达式的值为空值，则返回.T.，否则返回.F.；当使用 NOT 时，结果刚好相反。

　　[例 5.22]　查询 course 表中考试方式尚未确定的课程信息。

　　　　SELECT * FROM course WHERE examway IS NULL

　　（6）逻辑运算：逻辑运算符 AND 和 OR 用来连接多个查询条件。AND 的优先级高于 OR，但使用括号可以改变优先级。

　　[例 5.23]　在 teacher 表中查询学院代号为"11"，学历为"博士"的教师信息。

　　　　SELECT * FROM teacher WHERE depcode="11" AND education="博士"

　　3. 对查询结果排序

　　在实际应用中常常需要对查询结果按一定顺序输出，如按专业对学生信息排序输出，按成绩高低对学生成绩排序等。SELECT 语句的 ORDER BY 子句用于对查询结果按照一个或多个输出列进行升序（ASC）或降低（DESC）排列，默认为升序，ASC 可省略不写。ORDER BY 子句的格式如下：

　　　　ORDER BY <排序列名 1>[ASC|DESC][，<排序列名 2>[ASC|DESC]…]

　　说明：当按多个输出列排序时，排在前面的输出列的优先级高于排在后面的输出列。

　　[例 5.24]　查询 student 表中的学生信息，输出结果先按姓名降序，姓名相同再按学院代号降序排序。

　　　　SELECT * FROM student ORDER BY stuname DESC，depcode DESC

　　执行该语句后，结果显示如图 5.3 所示。

Stuno	Stuname	Gender	Depcode	Birthplace	Birthdate	Party	Resume
1061302105	邹建树	男	13	江苏镇江	02/26/88	F	memo
1062003114	朱月霞	女	20	江苏苏州	01/23/90	F	memo
1061608704	朱逸	女	16	江苏无锡	08/06/88	F	memo
1061608713	朱笑添	男	16	江苏无锡	08/12/88	F	memo
1062003108	朱小娟	女	20	江苏无锡	10/09/88	F	memo
1061304104	朱小娟	女	13	山东青岛	08/26/88	F	memo
1061304103	朱青青	男	13	上海	03/04/88	F	memo

图 5.3　例 5.24 执行结果

说明：由汉字组成的字符串在比较大小时，先按第一个汉字比较，第一个汉字相同，再按第二个汉字比较，依次类推。而汉字比较大小，系统默认是按汉字的汉语拼音进行比较的。

4. 统计函数

对数据进行查询时，常常需要对结果进行计算或统计，如统计学生人数，求最高分等。在第 4 章中已详细介绍了常用的统计函数。

这些统计函数的语法格式如下：

COUNT|SUM|AVG|MAX|MIN([ALL|DISTINCT] <表达式>)

说明：COUNT() 函数使用时，如果统计总行数，可选择"*"。

[例 5.25]　查询 teacher 表中教师的平均年龄。

SELECT AVG（YEAR（DATE（ ））- YEAR（birthdate）） AS 教师平均年龄 FROM teacher

5. 对查询结果分组

SELECT 语句的 GROUP BY 子句用于将查询结果按某一列的值进行分组，值相等的为一组。GROUP BY 子句的格式如下：

GROUP BY <分组列名 1>|<分组列号 1>[, <分组列名 2>|<分组列号 2>…]

[例 5.26]　查询各学历的教师人数。

SELECT education as 学历，COUNT(*) AS 教师人数 FROM teacher GROUP BY 1

执行该语句后，结果显示如图 5.4 所示。

学历	教师人数
本科	87
博士	10
硕士	80

图 5.4　例 5.26 执行结果

6. 使用 HAVING 子句进行筛选

如果查询结果在使用 GROUP BY 子句分组后，还需要按条件进一步对这些组进行筛选，最终输出满足指定条件的组，那么可使用 HAVING 子句来指定筛选条件。HAVING 子句只能与 GROUP BY 子句结合使用。HAVING 子句的格式如下：

HAVING <条件表达式>

[例 5.27]　查询学生人数超过 50 的地区信息。

SELECT birthplace as 地区，COUNT(*) AS 学生人数 FROM student；

GROUP BY 1 HAVING 学生人数>50

该语句的执行结果如图 5.5 所示。

图 5.5　例 5.27 执行结果

5.4.3　多表查询

如果一个查询同时涉及两个或两个以上的表，则称为连接查询，即多表查询。类似于关系代数运算中的连接操作。连接查询是关系数据库中最主要的查询方式之一。连接查询有两种形式，一种是采用 JOIN，另一种是采用 WHERE 子句来实现。

1. 以 JOIN 关键字指定的连接

如同在第 4 章中已提到的连接有四种：内连接（INNER JOIN）、左联接（LEFT OUTER JOIN）、右连接（RIGHT OUTER JOIN）和完全连接（FULL JOIN）。以内连接为例，其语法格式如下：

　　　　<表名 1> INNER JOIN <表名 2> ON <表 1.字段名>=<表 2.字段名>

内连接是系统默认的，可以省略 INNER 关键字。

[**例 5.28**]　根据学院表（department）和学生表（student）查询学院代号为"13"学院的学生信息。

　　　　SELECT department.*，student.stuno，student.stuname；
　　　　FROM department INNER JOIN student ON department.depcode=student.depcode；
　　　　WHERE department.depcode ="13"

该语句执行后，结果显示如图 5.6 所示。

Depcode	Depname	Stuno	Stuname
13	计算机工程学院	1061301201	李楠
13	计算机工程学院	1061301202	杨帅
13	计算机工程学院	1061301203	吴勇
13	计算机工程学院	1061301204	朱凤娟
13	计算机工程学院	1061301205	袁娜
13	计算机工程学院	1061301206	金磊

图 5.6　例 5.28 执行结果

在该语句中字段名前都加上了表名前缀。表名前缀的格式是：表名.字段名或表名.*。如本例中 department.*代表输出 department 表中的所有字段；student.stuno 表示指定 student

表中的"stuno"字段。

当连接查询涉及多个数据表中的同名字段时,均要加上表名前缀。否则,如果在查询语句中没有指定是哪个数据表中的字段名,则语句执行时就会出错。

如本例,若执行下列 SELECT 语句时,则会弹出如图 5.7 所示的对话框。

SELECT department.*,student.stuno,student.stuname；

FROM department INNER JOIN student ON depcode = depcode

图 5.7 "错误提示"对话框

2. WHERE 子句指定的连接

在多表查询时,还可以使用 WHERE 子句实现连接查询,即用连接条件来实现多表查询,其一般格式如下:

WHERE <表 1.字段名>=<表 2.字段名>

如例 5.28,可以修改为以下语句来实现:

SELECT department.*,student.stuno,student.stuname FROM department，student；

WHERE department.depcode = student.depcode

5.4.4 嵌套查询

在 SQL 语言中,一个"SELECT-FROM-WHERE"语句称为一个查询块。在 WHERE 子句或 HAVING 子句所表示的条件中,可以使用另一个查询的结果作为条件的一部分,如判断输出列的值是否与某个查询结果集中的值相等,这种将一个查询块嵌套在另一个查询块的 WHERE 子句或 HAVING 子句的条件查询称为嵌套查询。在嵌套查询中,将 WHERE 子句或 HAVING 子句所包含的查询称为内查询或子查询,它的上层查询称为外层查询或父查询。

在嵌套查询中,子查询的结果往往是一个集合,所以 IN 是嵌套查询中最常用的谓词。IN 子查询用于进行一个给定值是否在子查询结果集中的判断,其格式如下:

<表达式> [NOT] IN（<子查询>）

当<表达式>与子查询的结果表中的某个值相等时,IN 谓词返回.T.,否则返回.F.;若使用 NOT,则返回的值刚好相反。

[例 5.29] 查询任课教师的工号和姓名。

  SELECT teano AS 工号，teaname AS 姓名 FROM teacher；

  WHERE teano IN（SELECT teano FROM instructor）

  本例中，系统执行时，首先从任课表（instructor）中查询担任课程的教师工号，再根据教师工号是否包含在子查询结果集中作为查询条件，从教师表中查询出任课教师的信息。

  说明：在执行包含子查询的 SELECT 语句时，系统实际是按步进行：先执行子查询，产生一个结果表，再执行外层查询。

5.4.5 UNION 集合查询

  在 SQL 语言中，将多个 SELECT 语句的结果集进行并集合操作，称为 UNION 集合查询。集合查询要求各 SELECT 的查询结果集列数必须相同，并且对应列的数据类型也必须相同。

  [例 5.30] 查询全校师生名单，输出姓名和类别（教师或学生）。

  SELECT teaname AS 姓名，'教师' AS 类别 FROM teacher；

  UNION；

  SELECT stuname AS 姓名，'学生' AS 类别 FROM student

  该语句执行后，结果显示如图 5.8 所示。

图 5.8 例 5.30 执行结果

5.4.6 设置查询去向

  SELECT 语句执行的查询结果去向可以是浏览窗口、表文件、临时表、数组、文本文件、或打印机等，默认输出结果去向是浏览窗口。在 SELECT 语句中可以采用 INTO 或 TO 子句修改查询结果去向。

  （1）将查询结果输出到表文件（.dbf），其基本格式如下：

   INTO DBF|TABLE ＜表名＞

  SELECT 语句执行后，在当前目录下生成表文件，该表文件将自动打开，成为当前文件。

  （2）将查询结果输出到临时表，其基本格式如下：

INTO CURSOR <临时表名>

SELECT 语句执行后，临时表将自动打开，成为当前表；当关闭相关的表文件时，该临时表将自动删除。

（3）将查询结果输出到数组，其基本格式如下：

INTO ARRAY <数组名>

一般存放查询结果的数组作为二维数组来使用，数组的每行对应一个记录，每列对应查询结果的一列。

（4）将查询结果输出到文本文件（.txt），其基本格式如下：

TO FILE <文本文件名>[ADDITIVE]

SELECT 语句执行后，如果当前目录下不存在该文件，将自动生成该文件；如果该文件存在，若在语句中使用 ADDITIVE，则查询结果将追加到当前目录下的该文本文件的尾部，否则将覆盖原有文件。

（5）将查询结果输出到打印机，其基本格式如下：

TO PRINTER [PROMPT]

如果子句中增加了 PROMPT 选项，则在开始打印之前，系统会弹出打印机设置对话框。

[例 5.31] 根据任课表（instructor）和教师表（teacher）查询学院代号为"11"的任课教师的名单。

SELECT DISTINCT instructor.teano AS 工号，teacher.teaname AS 教师名单；

FROM teacher INNER JOIN instructor ON teacher.teano = instructor.teano；

WHERE LEFT(teacher.teano,2)="11"；

INTO TABLE 任课名单表.dbf

该语句执行后，将在当前目录下自动生成一个表文件（任课名单表.dbf），浏览该表，其结果如图 5.9 所示。

工号	教师名单
11009	郑凯
11024	吴海
11053	王丽红
11054	金飞
11072	刘海强
11082	陈小海
11084	刘广宏

图 5.9 例 5.31 执行结果

[例 5.32] 根据学院表（department）和课程表（course）统计各学院开课门数，并将结果保存在数组 m 中。

SELECT department.*，COUNT(*) as 开课门数；

FROM department INNER JOIN course；

ON department.depcode = course.depcode；

GROUP BY department.depcode；

INTO ARRAY m

执行该语句后，查询结果将自动存储在一个二维数组 m 中，访问该数组可获得相应的值。例如，执行下列语句就可以访问数组中的值：

　　? m(1,1)，m(1,2)，m(1,3)　**&&** 显示结果：11　机械工程学院　9

5.5　视图定义

第 4 章已介绍了视图是一张虚表，并存储在数据库中。实际上数据库只存储了视图的定义，并不存放视图的数据。视图的创建不仅可以使用视图设计器来完成，还可以使用定义语句来定义视图。在 SQL 语言中就提供了对视图的定义语句。

1．定义视图

在 SQL 语言中使用 CREATE VIEW 子句来定义视图，其语法格式如下：

　　CREATE VIEW <视图名>AS <SELECT 查询语句>

其中，SELECT 是 SQL 查询语句，表示从数据表中选择指定列构成视图的各个列。

[例 5.33]　在 stum 数据库下创建一个视图 student_view，该视图选择学生表(student)的所有属性列。

　　OPEN DATABASE stum

　　CREATE VIEW student_view AS SELECT * FROM student

视图不仅可以建立在一个或多个基本表上，也可建立在一个或多个已有的视图上。

例如，创建一个视图 stu_gender_view，该视图选择已建立的视图 student_view 中所有女学生的学号和姓名。

　　CREATE VIEW stu_gender_view；

　　AS SELECT stuno，stuname FROM student_view WHERE gender="女"

2．删除视图

在 SQL 语言中还提供了删除视图的语句，使用 DROP VIEW 语句可以删除已经定义的视图，其语句基本格式如下：

　　DROP VIEW <视图名>

[例 5.34]　删除例 5.33 中已创建的视图 student_view。

　　SET DATABASE TO stum

　　DROP VIEW student_view

说明：视图是数据库的一部分，对视图进行操作时，视图所在的数据库必须处于打开状态，并设为当前数据库。

习　题

一、选择题

1. 设有一商品表 goods（商品号 C(5)，商品名 C(40)，单价 N(8,2)，库存量 N(3,0)，定义该数据表的 SQL 命令语句是_____。

    A. CREATE TABLE goods（商品号 C(5)，商品名 C(40)，单价 N(8, 2)，库存量 N(3,0)）

    B. CREATE goods DATABASE（商品号 C(5)，商品名 C(40)，单价 N(8, 2)，库存量 N(3,0)）

    C. CREATE DATABASE goods（商品号 C(5)，商品名 C(40)，单价 N(8, 2)，库存量 N(3,0)）

    D. CREATE goods TABLE（商品号 C(5)，商品名 C(40)，单价 N(8, 2)，库存量 N(3,0)）

2. 设有一数据表 Employee，表结构为（职工号 C，姓名 C，工资 Y），将所有职工的工资增加 20%，正确的 SQL 命令语句是_____。

    A. CHANGE Employee SET 工资 WITH 工资*1.2

    B. UPDATE Employee SET 工资 WITH 工资*1.2

    C. CHANGE Employee SET 工资=工资*1.2

    D. UPDATE Employee SET 工资=工资*1.2

3. 设有一数据表 Employee，表结构为（职工号 C，姓名 C，工资 Y），插入一条记录到该数据表中，正确的 SQL 命令语句是_____。

    A. INSERT TO Employee RECORD（"19620426"，"李平"，8000）

    B. INSERT INTO Employee VALUES（"19620426"，"李平"，8000）

    C. INSERT INTO Employee RECORD（"19620426"，"李平"，8000）

    D. INSERT TO Employee VALUES（"19620426"，"李平"，8000）

4. 将表结构为（职工号 C，姓名 C，工资 Y）的数据表 Employee 中的工资低于 1000 元的职工全部打上删除标记，正确的 SQL 命令语句是_____。

    A. DELETE FROM Employee FOR 工资<1000

    B. DELETE FROM Employee WHERE 工资<1000

    C. DELETE FROM Employee FOR 工资<=1000

D. DELETE FROM Employee WHILE 工资<1000

5. 在 ALTER TABLE 语句中,若要删除一个字段应使用_____子句。

  A. DROP   B. COLUMN   C. ADD   D. DELETE

6. SQL 查询语句的基本结构是 SELECT …FROM …WHERE …GROUP BY …ORDER BY …,其中指定查询条件的子句是_____。

  A. SELECT B. FROM   C. ORDER BY D. WHERE

7. 在 SELECT 查询语句中如果要使用 TOP,则应该配合使用的子句是_____。

  A. HAVING B. WHERE   C. ORDER BY D. GROUP BY

8. 在 SQL 查询语句的基本结构是 SELECT …FROM …WHERE …GROUP BY …ORDER BY …,与 HAVING 配合使用的子句是_____。

  A. FROM   B. ORDER BY C. WHERE   D. GROUP BY

9. 查询学生表(student)的所有记录并存储于临时表(one)中的 SQL 语句是_____。

  A. SELECT *　FROM student INTO CURSOR DBF one

  B. SELECT *　FROM student TO CURSOR one

  C. SELECT *　FROM student TO CURSOR DBF one

  D. SELECT *　FROM student INTO CURSOR one

10. 设有表 Employee(职工号 C,姓名 C,工资 Y),查询工资最高的 5 位职工的信息,正确的 SQL 语句为_____。

  A. SELECT PERCENT 5　*　FROM Employee ORDER BY 工资

  B. SELECT TOP 5　*　FROM Employee ORDER BY 工资 DESC

  C. SELECT TOP 5　*　FROM Employee ORDER BY 工资

  D. SELECT TOP 5　*　FROM Employee

11. 假设数据库已经打开,要删除其中的视图 myview,可使用的命令_____。

  A. DROP　VIEW　myview   B. DROP　myview

  C. DELETE　VIEW　myview   D. DELETE　myview

12. 在 SQL 查询语句中,与表达式"房间号 NOT IN("w1", "w2")"功能相同的表达式是_____。

  A. 房间号="w1" AND 房间号="w2" B. 房间号!="w1" AND 房间号!="w2"

  C. 房间号<>"w1" OR <>"w2"   D. 房间号!="w1" OR 房间号!="w2"

13. 设一数据表 Employee(职工号 C,姓名 C,工资 Y),查询职工姓名中含"红"的职工信息,正确的 SQL 语句是_____。

  A. SELECT *　FROM Employee WHERE 姓名="*红*"

  B. SELECT *　FROM Employee WHERE 姓名 LIKE "%红%"

  C. SELECT *　FROM Employee WHERE 姓名="%红%"

D. SELECT *　FROM Employee WHERE 姓名 LIKE "*红*"

二、填空题

　　1. 设有"图书"表（图书编号 C(6)，图书名称 C(20)，图书类别 C(3)，出版日期 D，编者 C(8)），建立该表结构的语句如下：

　　　　CREATE TABLE 图书（图书编号 C(6)，图书名称 C(20)，；

　　图书类别 C(3)，出版日期＿＿＿＿＿＿，编者 C(8)）

　　2. 设有一数据表 Employee 的表结构（职工号，姓名，工资），为该数据表增加一个新的字段"住址"，修改语句如下：

　　　　ALTER TABLE　Employee ＿＿＿＿＿ 住址 C(30)

　　3. 在 SQL SELECT 查询中，为了使查询结果按指定顺序排序，应使用＿＿＿＿＿＿子句。

　　4. DELETE FROM 语句的功能是＿＿＿＿＿＿。

　　5. 在 SQL SELECT 语句中使查询结果存储到临时表应使用＿＿＿＿＿＿子句。

　　6. 根据学生表（student）和成绩表（sscore）查询学生的成绩，查询结果包含学号、姓名、课程代号、成绩，并将查询结果输出到临时表 tmp 中。SQL SELECT 语句如下：

　　　　SELECT student.stuno, student.stuname, sscore.ccode, sscore.grade；

　　　　FROM student ＿＿＿＿＿＿ sscore ON student.stuno=sscore.stuno；

　　　　INTO ＿＿＿＿＿＿ tmp

　　7. 查询教师表（teacher）中所有教师的信息，并将查询结果记录在表文件 tab.dbf 中，SQL SELECT 语句为：

　　　　SELECT *　FROM teacher ＿＿＿＿＿＿ tab.dbf

　　8. 根据教师表（teacher）建立一个视图 teacher_view，视图中包括了所有女教师的信息，SQL 语句如下：

　　　　CREATE ＿＿＿＿＿＿ teacher_view AS SELECT *　FROM teacher WHERE gender="女"

　　9. SQL 语言的中文全称为＿＿＿＿＿＿。

　　10. 在 SQL SELECT 中将查询结果输出到文本文件的子句为＿＿＿＿＿＿。

三、设计题

　　1. 根据学生表（student）和成绩表（sscore）使用 SQL SELECT 语句查询每位学生的平均成绩，输出结果包括"姓名"和"平均成绩"两个字段，其中姓名来自 student 表，平均成绩根据 sscore 表的成绩字段来计算，并按"平均成绩"字段降序，"平均成绩"相等时再按姓名升序，最后将查询结果存储在"avg_sscore.dbf"表文件中。

　　2. 打开 stum 数据库，使用 CREATE SQL VIEW 语句建立一个视图 myview，视图中包括教师姓名、班级编号、班级名称。然后再使用 SQL SELECT 语句查询姓"王"老师的任课情况，查询结果包括视图中的全部字段，并要求按教师姓名排序，再按班级编号排序，再按班级名称排序（均升序），最后将查询结果存储到临时表 mytable 中。

第6章 程序设计基础

Visual FoxPro 集成了功能强大的应用程序开发工具,它既支持结构化程序设计方法,也支持面向对象程序设计方法。本章将介绍结构化程序设计的基本概念;程序文件的建立、编辑与运行;程序中的常用基本语句和程序的基本结构;子程序、自定义函数与过程。

6.1 结构化程序概述

结构化程序设计是根据不同的情况和条件,控制程序执行相应操作的语句序列。它一般遵循四条原则:自顶向下、逐步求精、模块化和限制使用转移语句。结构化程序的本质是功能设计,即以功能为主进行设计,其方法是自顶向下、功能分解。开发过程通常是从"做什么"到"如何做",优点是系统结构强、便于设计和理解。

6.1.1 程序设计与算法

由于计算机只能执行算术运算和逻辑运算,所以其解决问题的方法、步骤与人们生活中解决问题的方法、步骤不同,必须考虑其特殊性。如果利用计算机编写程序实现某个功能,不管多复杂的操作都必须转化为算术运算和逻辑运算的组合。因此,编写程序之前,必须按照要求,设计符合计算机特性的解题步骤,这就是算法设计。

1. 程序的基本组成

计算机的工作原理是存储程序和程序控制。也就是说,计算机是依靠程序工作的。利用计算机解决问题,首先要确定需要得到什么样的"输出"结果;其次,要想得到需要的结果,需要提供必要的数据,称为"输入";最后,需要确定如何"处理"输入的数据,才能获得相应的"输出"结果。因此,程序的基本组成包括输入、处理和输出三部分。

例如,用计算机求解一个圆的面积。根据题目的要求可以确定:

(1) 程序的"输出"是圆的面积值。

(2) "处理"是计算一个圆的面积。根据数学知识可知,如果给出一个圆的半径,可以求出圆的面积。

(3) 若要计算圆的面积,需要输入圆的半径。

计算机根据"输入"的数据,利用"处理",就可以计算出需要的"输出"结果。

2. 算法

算法是解决某个问题或处理某个事件的方法和步骤。算法可以分为两大类：一类是数值计算方法，主要解决一般数学解析方法难以处理的一些数学问题，如求解超越方程的根等；另一类是非数值计算方法，如排序、查找、求总和等。

3. 算法的描述

算法可以采用不同的方法来描述，如自然语言、伪代码、流程图或程序设计语言等。用图形的方式进行算法描述具有形象直观的优势，所以被广泛使用。最常用的算法图形描述工具是流程图，它使用的图形符号表示算法中不同的处理。流程图中常用的图形符号如图 6.1 所示。

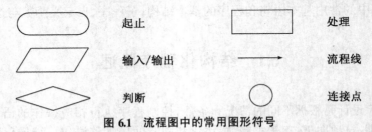

图 6.1　流程图中的常用图形符号

例如，根据三角形的三条边求三角形面积的算法步骤用流程图描述，如图 6.2 所示。

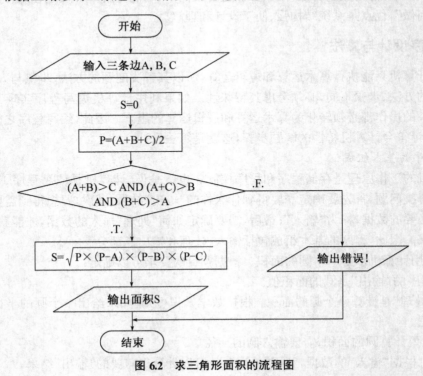

图 6.2　求三角形面积的流程图

用流程图来描述算法的执行步骤，不仅直观而且更易于理解。

算法仅提供解决某类问题所采用的方法和步骤，要想真正解决问题，还必须使用具体的程序设计语言，遵照规定的语法规则来完成算法功能，这就是程序设计。因此使用 VFP 开发环境编写程序，不仅需要学习各种语言成分的功能和各种语法规则，还要学习常用算法的程序设计思想，学会根据算法步骤编程解决各种实际问题。

6.1.2　程序的书写规则

编写 VFP 程序文件时，要遵循 VFP 程序的书写规则，否则出现语法错误，将导致程序无法继续执行。

（1）程序由若干个程序行组成，一行只能写一条命令，每条命令以回车键结束。

（2）在程序中命令书写应遵循命令书写规则，该规则参照第 1 章内容。

（3）为了提高程序的可读性，可在程序中加入注释语句，用来说明某个程序段或命令语句的功能含义。

注释语句有以下三种书写格式：

① 作为单独一行，以"*"开头，后跟注释信息。

② 作为单独一行，以 NOTE 语句开头，后跟注释信息。

③ 与命令行同行，在命令行后加"&&"以及注释信息。

6.1.3　程序文件的建立

在 VFP 中，程序文件是一个利用命令语句和程序控制语句序列来表达算法功能的文本文件，其文件扩展名为.prg。VFP 提供了程序代码编辑器，用户可以使用命令方式、菜单方式或者利用项目管理器建立程序文件。

1. 利用命令建立程序文件

在命令窗口中，利用 MODIFY COMMAND 命令建立或修改程序文件，其语法格式如下：

> MODIFY COMMAND [<文件名>|?]

功能：如果程序文件不存在，则建立一个程序文件，并自动打开程序代码编辑器，输入程序代码；若程序文件已存在，则自动打开该文件，进行编辑和修改。若选用"?"，则由用户选择程序文件进行修改。

例如，在命令窗口执行以下命令：

> MODIFY COMMAND　m

可建立指定的程序文件，并打开编辑器，输入程序代码，如图 6.3 所示。

2. 利用菜单建立程序文件

图 6.3　程序代码编辑器

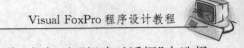

在 Visual FoxPro 主菜单中,选择"文件"菜单中的"新建"命令,在"新建对话框"中选择"程序"选项,单击"新建文件"按钮,即可创建程序文件。

3. 利用项目管理器建立程序文件

在项目管理器上的"代码"选项卡中,选择"程序",然后单击项目管理器上的"新建"按钮,也可以创建程序文件。

6.1.4 程序文件的运行

当程序文件保存后,运行程序,可查看运行结果,其运行方式有以下几种:

(1) 当程序文件处于编辑状态下,可直接单击工具栏上的"　！　"按钮运行程序。

(2) 在 VFP 主菜单中,执行"程序"菜单中的"运行"命令,运行正在编辑的程序文件或打开"运行"对话框,选择要运行的程序文件。

(3) 在项目管理器的代码选项卡中,选择要运行的程序,单击"运行"按钮。

(4) 在命令窗口使用 DO 命令运行程序,其语法格式如下:

    DO <程序文件名>

在 VFP 中,一旦程序运行,系统将自动对程序文件进行编译,并生成扩展名为.fxp 的同名文件,系统实际上执行的是生成的.fxp 文件。

6.1.5 程序中的常用命令语句

在程序执行过程中,常常需要一种人机交互的环境,由用户通过键盘向程序提供各种数据,这样程序的执行过程需要用到交互式的输入/输出语句以及其他命令语句。

1. 输入语句

(1) INPUT 语句

语法格式:INPUT [提示信息] TO <内存变量>

功能:等待用户从键盘输入数据,按[ENTER]键结束输入。系统将用户输入的数据赋给指定的内存变量。输入的数据可以是数值型、字符型等数据。如果是字符型或日期型数据,必须加定界符。

(2) ACCEPT 语句

语法格式:ACCEPT [提示信息] TO <内存变量>

功能:用以提示并等待用户从键盘输入一个字符串,按[ENTER]键结束输入。系统将用户输入的字符型数据赋给指定的内存变量,其中输入的字符串不需要加定界符。

2. 输出语句

(1) ?/?? 语句

语法格式:? |?? <内存变量名表>

功能:显示内存变量、常量或表达式的值。

说明：? 表示在光标所在行的下一行开始显示；?? 表示在当前光标位置开始显示。

（2）WAIT 语句

语法格式：WAIT ["<提示信息>"] [TO <内存变量名>] [WINDOW]

功能：暂停程序运行，并在屏幕上显示提示信息，等待用户从键盘上输入一个字符，然后继续执行。

说明：

（1）<提示信息>用于提示用户进行操作的信息。若缺省，显示系统默认的"按任意键继续……"，等待用户按任意键后，继续执行程序。

（2）TO <内存变量名>表示输入的字符保存到指定的内存变量中。

（3）WINDOW 表示在屏幕右上角系统信息窗口中显示提示信息的内容。

3. 其他常用命令语句

（1）CLEAR

功能：清除 Visual FoxPro 主窗口工作区所显示的信息。

（2）QUIT

功能：关闭所有文件，释放所有变量，退出 Visual FoxPro，返回 Windows 操作系统。

（3）CLEAR ALL

功能：关闭所有数据表文件，释放所有变量，清除所有用户自定义的菜单和窗口，并将当前工作区设置为 1 号工作区。

（4）SET TALK ON|OFF

功能：打开或关闭人机对话。

在 SET TALK ON 状态下，程序执行时把一些非显示命令的执行结果显示出来，可用 SET TALK OFF 命令关闭这些信息的输出；在 OFF 状态下，只有输出命令的结果才能显示。系统默认状态为 ON 状态。

6.1.6　MESSAGEBOX 消息框函数

MESSAGEBOX 函数主要用于信息提示。执行该函数，系统自动弹出一个消息框，提示并要求用户做出响应。MESSAGEBOX 函数调用格式为：

　　　　m=MESSAGEBOX(cMessageText [，nDialogBoxType [，cTitleBarText]])

参数说明：

cMessageText：消息框中显示的文本信息。该参数不能省略。

nDialogBoxType：一个数值表达式（缺省时为 0），用于定义消息框中按钮的个数、类型和显示图标的样式。该参数由三个数值常量组成，形式为 n1+n2+n3。也可以是这三个常量的和。其中，按钮的个数和类型取值如表 6.1，图标样式取值如表 6.2，默认按钮取值如表 6.3 所示。

cTitleBarText：消息框的标题，缺省时显示"Microsoft Visual FoxPro"。

m：变量，用于接收 MESSAGEBOX 函数的返回值，单击不同的按钮，MESSAGEBOX 函数的返回值如表 6.4 所示。

表 6.1   按钮的个数和类型

取值	意义
0	仅显示"确定"按钮
1	显示"确定"和"取消"按钮
2	显示"终止"、"重试"和"忽略"按钮
3	显示"是"、"否"和"取消"按钮
4	显示"是"和"否"按钮
5	显示"重试"和"取消"按钮

表 6.2   图标样式

取值	意义
16	显示关闭信息图标
32	显示警示疑问图标
48	显示警告信息图标
64	显示通知信息图标

表 6.3   默认按钮

取值	意义
0	第 1 个按钮是默认按钮
256	第 2 个按钮是默认按钮
512	第 3 个按钮是默认按钮

表 6.4   MESSAGEBOX 函数的返回值

按钮名	取值	按钮名	取值
确定	1	忽略	5
取消	2	是	6
终止	3	否	7
重试	4		

例如，要弹出如图 6.4 所示的消息框，可执行如下语句：

n=MESSAGEBOX("是否退出系统？"，4+32+256，"退出")

图 6.4　信息提示对话框

其中，"是否退出系统？"是消息框的提示信息，4 表示显示"是"和"否"两个按钮，32 表示显示警示疑问图标，256 表示默认按钮为第二个按钮（否），"退出"是对话框标题栏中显示的文本信息。

单击"否"按钮，变量 n 接收函数的返回值是 7。

消息框主要用于向用户提示信息，当消息框中只有一个"确定"按钮，用户不必处理函数的值，此时可以使用如下语句：

=MESSAGEBOX(cMessageText [，nDialogBoxType [，cTitleBarText]])

例如，执行语句：

=MESSAGEBOX("恭喜您登录成功!"，"提示")

将弹出如图 6.5 所示的对话框。

图 6.5　信息提示

6.2　程序控制结构

程序控制结构是指程序中命令或语句执行的流程结构。结构化程序设计的程序控制结构有顺序结构、分支结构和循环结构三种基本结构，每一种基本结构可以包含一个或多个语句。

6.2.1 顺序结构

顺序结构是最简单、最常用的程序结构。在这种结构中,是按程序中语句的书写顺序依次执行不同的控制结构,其结构如图 6.6 所示,先执行语句组序列 A,再执行语句组序列 B。

图 6.6 顺序结构流程图

[例 6.1] 求圆的面积。

```
CLEAR
INPUT "请输入圆的半径" TO    r
S=3.14*r*r
? "圆的面积是:", S
RETURN
```

说明:当执行到 RETURN 语句时,程序执行结束,返回交互状态。一个独立程序在执行到最后一条语句时,即使没有 RETURN 语句也将自动结束程序的执行。

6.2.2 分支结构

分支结构是根据条件表达式的计算结果判定执行不同语句组的结构。VFP 中提供了三种分支结构:单分支、双分支和多分支语句。

1. 单分支语句

单分支语句主要用于简单的分支结构,其语法格式如下:

```
IF <条件表达式>
     <语句组>
ENDIF
```

说明:

(1)"条件表达式"可以是逻辑表达式或关系表达式,其值必须是逻辑值。

(2)"语句组"可以是一条命令语句,也可以是多条命令语句。

(3) IF 和 ENDIF 必须成对使用。

执行流程:首先计算"条件表达式"的值,如果为.T.,则执行语句组,IF 语句执行结束;如果条件表达式为.F.,则跳过语句组,执行 ENDIF 后面的语句。

单分支语句的执行流程如图 6.7 所示。

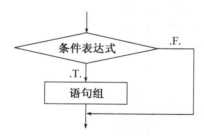

图 6.7   单分支语句的执行流程

[例 6.2]   根据学号查找学生表(student.dbf)中的学生信息。

```
CLEAR
USE student
ACCEPT "请输入学生的学号" TO   xh
LOCATE FOR student.stuno=xh
IF FOUND()
    DISPLAY
ENDIF
USE
```

2. 双分支语句

双分支语句语法格式如下:

```
IF <条件表达式>
      <语句组 A>
ELSE
      <语句组 B>
ENDIF
```

执行流程:首先计算"条件表达式"的值,如果为.T.,则执行语句组 A,IF 语句执行结束;否则,执行语句组 B,IF 语句执行结束。两个语句组执行且仅执行一个。

双分支语句的执行流程如图 6.8所示。

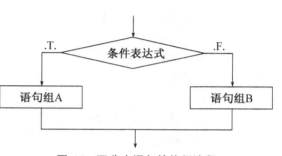

图 6.8   双分支语句的执行流程

[例 6.3] 根据三条边求三角形的面积。

```
CLEAR
INPUT "请输入第一条边" TO    a
INPUT "请输入第二条边" TO    b
INPUT "请输入第三条边" TO    c
s=0
p=(a+b+c)/2
IF a+b>c and a+c>b and b+c>a
    s=SQRT(p*(p-a)*(p-b)*(p-c))
    ? "三角形的面积是", s
ELSE
    WAIT WINDOW "输入的三条边 a、b、c 不能构成三角形"
ENDIF
```

3. 条件函数 IIF

IIF 函数又称条件函数,可根据条件成立与否返回不同的结果,其语法格式如下:

    IIF(条件表达式,表达式 1,表达式 2)

功能:如果条件表达式的值为.T.,函数返回表达式 1 的值;否则,返回表达式 2 的值。

[例 6.4] 从键盘输入两个自然数,输出两个数中的较大数。

```
CLEAR
INPUT "请输入第一个数" TO    a
INPUT "请输入第二个数" TO    b
maxnum=IIF(a>b, a, b)
? "较大数" +STR(maxnum)
```

4. 多分支语句

多分支语句用于多条件判断,其语法格式如下:

```
DO CASE
CASE <条件表达式 1>
    <语句组 1>
CASE <条件表达式 2>
    <语句组 2>
......
CASE <条件表达式 N>
    <语句组 N>
[OTHERWISE
```

<语句组 N+1>]
　　ENDCASE
　　执行流程：从上到下依次求解条件表达式，若发现某条件表达式的计算结果为.T.，则执行相应的语句组；否则继续求解下一个条件表达式。如果所有的条件表达式都为.F.，若有OTHERWISE，则执行语句组 N+1，DO CASE 语句执行结束，否则不执行任何语句，直接执行ENDCASE 后面的语句。
　　注意：如果有多个条件表达式都为.T.，仅执行第一个条件表达式为.T.的分支。
　　多分支语句的执行流程如图 6.9 所示。

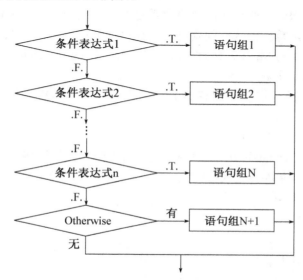

图 6.9　多分支语句的执行流程

　　[例 6.5]　实现百分制成绩的等级转换，若成绩>=90 为优秀，成绩<90 且成绩>=80 为良好，成绩<80 且成绩>=70 为中等，成绩<70 且成绩>=60 为及格，成绩<60 为不及格。

```
CLEAR
INPUT "请输入百分制成绩" TO   a
DO CASE
CASE   a>=90
    b="优秀"
CASE   a>=80
    b="良好"
CASE   a>=70
    b="中等"
```

```
    CASE   a>=60
        b="及格"
    OTHERWISE
        b="不及格"
    ENDCASE
    ? STR(a,3)+"对应的等级是"+b
```

6.2.3 循环结构

编写程序时经常遇到一些语句需要多次重复执行。例如，求 1+2+3+···+n 的累加和，需要多次重复执行加法运算。像这类问题可使用程序设计中的另一种结构，即循环结构。循环结构依据条件反复执行相同的语句组，这组被反复执行的语句组称为循环体，循环体被反复执行的次数称为循环次数。

在 VFP 中常用的循环控制语句有 DO WHILE …ENDDO、FOR …ENDFOR/NEXT、SCAN …ENDSCAN。

1. DO WHILE…ENDDO

DO WHILE …ENDDO 循环用于条件控制循环的执行，其语法格式如下：

```
    DO WHILE <条件表达式>
        <语句组 1>
        [LOOP]
        [EXIT]
        <语句组 2>
    ENDDO
```

说明：

（1）DO WHILE 和 ENDDO 之间的语句称为循环体。循环体中可以包含 EXIT 语句，一般和 IF 语句配合使用，用于满足条件时提前结束循环。

（2）循环体中也可包含 LOOP 语句（又称转移语句），一般和 IF 语句配合使用，用于满足条件时自动转到 DO WHILE 判定循环条件，进行下一次循环。

（3）DO WHILE 和 ENDDO 必须成对出现，缺一不可。

执行流程：当条件表达式的值为.T.时，执行循环体，直到条件表达式的值为.F.，结束循环体，执行 ENDDO 后面的语句。循环结构的执行流程如图 6.10 所示。

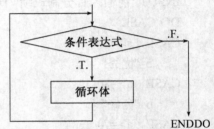

图 6.10 DO WHILE …ENDDO 循环执行流程图

[例 6.6]　逐条显示学生表（student）中所有来自"上海"的学生信息。

```
CLEAR
USE student
LOCATE FOR birthplace="上海"
DO WHILE FOUND()
    DISPLAY
    WAIT WINDOW
    CONTINUE
ENDDO
USE
```

本程序中的循环体包含 DISPLAY、WAIT 和 CONTINUE 三条命令。循环条件是函数 FOUND()，若 FOUND() 的值为.T.，表示找到第一位来自上海的学生，进入循环体，执行 DISPLAY 命令显示该学生信息，然后执行 CONTINUE 命令，查找下一个来自上海的学生；若 FOUND () 的值为.F.，表示已到表的末尾，此时结束循环，执行 USE 命令关闭学生表。

[例 6.7]　统计学生表中男女学生的人数。

```
CLEAR
USE student
m=0
n=0
DO WHILE NOT EOF()
    IF student.gender="男"
        m=m+1
    ELSE
        n=n+1
    ENDIF
    SKIP
ENDDO
? "男生人数"+STR(m)
? "女生人数"+STR(n)
USE
```

本程序中的两个变量 m 和 n 分别用于统计男生和女生的个数。函数 EOF() 用于测试记录指针是否指向表的结束标记，控制循环是否继续进行。若 EOF() 的值为.F.，表示记录指针未指向表的结束标记，继续统计；否则值为.T.，表示记录指针指向表的结束标记，停止循环，结束统计操作，在屏幕上显示统计结果。

[例 6.8] 求 1+2+3+4+…+10。

[分析]本例是计算多个数据项的和,一般采用累加算法来实现。

累加算法思想:定义一个变量(如 s)作为累加器,一般初值为 0,再定义一个变量(如 n)用来表示加数,循环中反复执行 s=s+n 即可实现累加操作,从而实现多个数据的累加。

```
CLEAR
s=0
n=1
DO WHILE n<=10
    s=s+n
    n=n+1
ENDDO
? s
```

在上述程序中,一共需要累加 10 次,n 既作为加数,又作为判断累加次数的依据。

2. FOR … ENDFOR/NEXT

FOR …ENDFOR/NEXT 循环一般用于已知循环执行次数的情况,其语法格式如下:

```
FOR <循环变量>=<初值> TO <终值> [STEP <步长>]
    <语句组 1>
    [LOOP]
    [EXIT]
    <语句组 2>
ENDFOR/NEXT
```

说明:

(1) 步长的值可以是正值,也可以是负值,当步长值为 1 时,可以省略。

(2) EXIT 和 LOOP 语句的用法同 DO WHILE 循环。

(3) FOR 和 ENDFOR 或 FOR 和 NEXT 必须成对出现,缺一不可。

FOR 和 ENDFOR/NEXT 循环控制语句的执行流程如图 6.11 所示。

具体步骤如下:

(1) 首先为循环变量赋初值,同时记录循环变量的终值和步长。

(2) 判断循环变量是否超过终值,如果未超过,执行循环体,然后转步骤(3)执行;如果超过终值,则结束循环,执行 ENDFOR/NEXT 之后的语句。

(3) 给循环变量增加步长,返回步骤(2)继续执行。

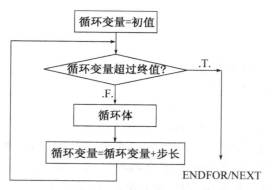

图 6.11　FOR …ENDFOR/NEXT 循环执行流程图

注意：循环变量的值超过终值是指：若步长大于 0，则循环变量大于终值即为超过终值；若步长小于 0，则循环变量小于终值才是超过。

如例 6.8 用 FOR 循环来实现，程序代码如下：

```
CLEAR
s=0
FOR n=1 TO 10
    s=s+n
ENDFOR
? s
```

本程序中 s 变量用于存放累加和的结果，n 是循环变量，它由初值 1 依次变到终值 10，默认步长为 1，每一次累加后，n 自动加上步长，再判断是否超过终值，如果没有，继续循环体；否则退出循环体，本例中退出循环体时 n 的值为 11。

[例 6.9]　求 100!

[分析]100! 即 1*2*3*…*100，可采用连乘算法来实现。

连乘算法思想：定义一个变量（如 s）用来存放连乘的结果，一般初值为 1，再定义一个变量（如 n）用来表示乘数，循环中反复执行 s=s*n 即可实现连乘操作。

```
CLEAR
s=1
FOR n=1 TO 100
    s=s*n
ENDFOR
? s
```

[例 6.10]　求字符串逆序，如已知字符串"abcdef"，请输出逆序的结果。

```
CLEAR
s="abcdef"
sr=""
FOR i=LEN(s) TO 1 STEP -1
    sr=sr+SUBSTR(s，i，1)
NEXT
? "abcdef 逆序的输出结果："+sr
```

本程序是从字符串的右端依次取出每一个字符，连接在结果串变量 sr 中，直到把第一个字符也取出，结束循环。因此循环变量 i 的初值为字符串的长度，终值为 1，步长为-1，循环变量递减。当循环变量 i 的值为 0 时，结束循环，此时变量 sr 中存放的是原字符串逆序的结果。

3. SCAN...ENDSCAN

SCAN ...ENDSCAN 一般适用于在数据表中操作记录的循环，它使当前数据表中的记录指针自动向下移动。因此，在使用这种循环之前必须先打开数据表文件，其语法格式如下：

```
SCAN [范围] [FOR <条件表达式>]
    <语句组>
ENDSCAN
```

说明：

（1）SCAN 与 ENDSCAN 循环语句中隐含了 EOF() 和 SKIP 命令处理。

（2）[范围]表示记录范围，默认值为 ALL。执行时，在指定的[范围]中依次寻找满足条件的记录，并对找到的记录执行循环体。

（3）FOR <条件表达式>表示只扫描满足条件的记录，省略时表示指定范围内所有记录。

（4）当执行 ENDSCAN 时，记录指针下移到下一个记录。

执行过程：首先将记录指针指向第一个记录，判断记录指针是否指向末尾。即如果 EOF() 的值为.T.，则跳出循环，执行 ENDSCAN 后面的语句。否则，判断数据表中是否有满足 FOR 条件的记录，若满足条件，则对每一个满足条件的记录执行循环体内的语句，直到记录指针指向文件末尾；若不满足，则不执行循环体。

例如，将例 6.7 用 SCAN ...ENDSCAN 循环来实现，其程序代码如下：

```
CLEAR
USE student
STORE 0 TO m,n
SCAN
    IF student.gender="男"
```

```
                m=m+1
            ELSE
                n=n+1
            ENDIF
        ENDSCAN
        ? "男生人数"+STR(m)
        ? "女生人数"+STR(n)
        USE
```

本程序中,记录指针依次扫描数据表中的每一条记录,直到记录指针指向结束标志,即 EOF()为.T.,结束循环。

[例 6.11]　统计并显示具有博士学位的教师信息。

```
        CLEAR
        USE teacher
        STORE 0 TO m
        SCAN FOR teacher.education="博士"
            DISPLAY
                m=m+1
        ENDSCAN
        ? "博士人数"+STR(m)
        USE
```

6.3　模块化程序设计

循环结构可以实现同一个程序中某段程序反复执行多次,但常常需要在同一个程序的不同位置多次执行某段程序,或在不同程序中执行同一程序段。因此在程序设计中,常把完成一个功能的程序编写成一个单元,以便在其他程序中使用该功能时调用,这种为完成一个特定功能而编写的程序段称为自定义函数或过程。

6.3.1　自定义函数

1. 函数的定义

```
    FUNCTION <函数名>
        [PARAMETERS  <形参列表>]
        <命令语句序列>
```

```
        RETURN [<表达式>]
    [ENDFUNC]
```

说明：自定义函数名不能和系统函数名以及内存变量名相同；PARAMETERS 用于定义函数中的形式参数，用来接收主程序中的实参数据；RETURN <表达式>用于返回函数值，若省略该语句或表达式，则自定义函数等同于过程。

[例 6.12] 编写一个求 n! 的函数。

```
    FUNCTION   fact
        PARAMETERS   n
        p=1
        FOR i=1 TO n
            p=p*i
        NEXT
        RETURN   p
```

2. 函数的调用

函数一经定义，可以像 VFP 中系统函数一样调用。调用自定义函数的语法格式：

```
    函数名([实参列表])
```

例如，在命令窗口调用例 6.12 中的 fact 函数求 5!，执行语句：

```
    ? fact(5)
```

例 6.12 自定义函数 fact 中用 PARA 从 ETERS n 语句定义了一个形参 n。在调用函数时，必须使用已定义的实参。例如? fact(5)调用函数时，将实参的值 5 传递给形参 n。

[例 6.13] 编写程序求 1! +2! +3! +…+10!。

[分析]本题是求累加和，而每个累加项为阶乘的结果。因此结合之前介绍的累加和以及阶乘来计算，则程序代码如下：

```
    CLEAR
    s=0
    FOR i=1 TO 10
        s=s+fact(i)               && 累加时调用定义的阶乘函数
    NEXT
    ? s
    Function   fact               && 阶乘函数的定义
        PARAMETERS   n
        p=1
        FOR j=1 TO n
            p=p*j
```

```
        NEXT
    RETURN  p
```

将本例中重复的程序段功能用函数 fact 实现,程序设计中若多次用到该功能,不再需要重复编写该程序段,只需调用即可,由此简化程序设计,降低程序设计的难度。

6.3.2　自定义过程

1. 过程的定义

```
    PROCEDURE <过程名>
    [PARAMETERS  <形参列表>]
    <命令语句序列>
    [RETURN]
    [ENDPROC]
```

说明:如果过程中使用 RETURN 语句,表示返回到上一层程序。如果缺省 RETURN,执行 ENDPROC,也可以返回到上一层程序。PARAMETERS 使用与自定义函数的用法相同。

[例 6.14]　编写一个过程求两个数的和。

```
    PROCEDURE   sm
        PARAMETERS X1,Y1，Z1
        Z1=X1+Y1
    ENDPROC
```

2. 过程的调用

过程定义后,用户可以通过语句调用过程,调用自定义过程的语法格式:

```
    DO <过程名> WITH <实参列表>
```

如以例 6.14 过程为例,编写完整的过程调用程序。

```
    CLEAR
    x=25
    y=38
    z=0
    DO sm WITH x，y，z
    ?"两个数 x,y 的和是:"，z
    PROCEDURE sm
        PARAMETERS X1,Y1，Z1
        Z1=X1+Y1
    ENDPROC
```

6.3.3 参数传递

在自定义函数和过程时,如果函数或过程需要从主程序获取数据进行处理,则主程序调用函数或过程时会通过实参传递数据给对应的形参,此时系统才会给形参分配存储空间,接收实参传递的数据,当过程调用结束后,形参的空间将被撤销。

在参数传递过程中要注意以下几点:

(1) 实参和形参的数量要保持一致,即有多少个形参,过程调用时就应有多少个实参,并且形参和实参之间是一一对应的。

(2) 形参变量名和实参变量名可以相同,也可以不同。即使两者名称相同,也代表不同的变量。

在 VFP 中自定义函数和过程的参数传递方式有按值和按引用(地址)两种。

按值传递是将变量和数组元素的值(即实参)传递给用户自定义函数或过程中的形参,若在用户自定义函数或过程中形参的值发生了变化,而原来的变量或数组元素的值(即实参)保持不变。

按引用传递是指实参把内存单元的地址传递给对应的形参,若在用户自定义函数或过程中形参的值变化时,则原来的变量或数组元素的值也会随着改变。

在 VFP 中函数缺省是按值传递的,过程默认是按引用传递的。如果需要改变参数传递方式,使用 SET UDFPARMS 命令。例如,以下命令使用户自定义函数或过程按地址(REFERENCE)或按值(VALUE)传递参数。

SET UDFPARMS TO REFERENCE|VALUE

同时也可以强制设定传递参数:在过程调用时用括号括起一个实参变量,则强制设定按值传递;在函数调用时,将一个实参变量前加@符号,就可以按地址(引用)方式传递。

[例 6.15] 下列程序段执行以后,求内存变量 A 和 B 的值。

```
CLEAR
A=10
B=20
SET UDFPARMS TO REFERENCE
DO SQ WITH (A), B                && 参数 A 是值传递,B 是引用传递
? A,B
PROCEDURE SQ
    PARAMETERS X1,Y1
    X1=X1*X1
    Y1=2*X1
ENDPROC
```

本程序中,在过程调用前设置了 SET UDFPARMS TO REFERENCE 语句,表示实参是按引用传递,而调用时变量 A 是以表达式传递的。因此传递参数时,将实参 A 的值传给形参 X1,实参 B 的地址给 Y1。在过程中 X1 和 Y1 的值分别发生了变化,但返回后 A 保持原来的值不变,而 B 返回的是 Y1 的值。

6.3.4　过程文件

一个程序可能会包括多个子程序,如果把这些子程序都以独立的程序文件形式保存在磁盘上,这些文件就是过程文件。

当用户调用过程时,首先应打开包含被调用过程的过程文件,而且过程文件使用后还需要及时关闭。

（1）打开过程文件

语法:SET PROCEDURE TO <过程文件名>

功能:打开一个过程文件。

（2）关闭过程文件

语法:CLOSE PROCEDURE

功能:关闭当前打开的过程文件

说明:过程和过程文件是两个不同的概念,每个过程是具有独立功能的一段子程序,而一个过程文件可以由一个或多个过程构成。

习　题

一、选择题

1. 在 Visual FoxPro 中,用于建立或修改程序文件的命令是_____。

　　A. MODIFY PROCEDURE <文件名>　　B. MODIFY PROGRAM <文件名>

　　C. MODIFY COMMAND <文件名>　　D. MODIFY <文件名>

2. 在 Visual FoxPro 中,如果希望跳出 SCAN ...ENDSCAN 循环体外执行 ENDSCAN 后面的语句,应使用_____。

　　A. RETURN 语句 B. BREAK 语句　　C. LOOP 语句　　　D. EXIT 语句

3. 若循环结构为:

　　DO WHILE .T.

　　　　<语句组>

　　ENDDO

则下列说法中正确的是_____。

A. 程序一定出现死循环

B. 程序一定不会出现死循环

C. 在语句组中设置 LOOP 语句可以防止出现死循环

D. 在语句组中设置 EXIT 语句可以防止出现死循环

4. 在 Visual FoxPro 中,过程的返回语句是_____。

A. RETURN   B. BACK   C. GOBACK   D. GO

5. 如果一个过程不包含 RETURN 语句,或者 RETURN 语句中没有指定表达式,那么该过程:_____。

A. 返回.T.   B. 返回.F.   C. 返回 0   D. 没有返回值

二、填空题

1. 结构化程序设计的三种基本控制结构是_____、_____和_____。

2. Modify Command 命令建立的文件默认扩展名为_____。

3. 执行下列程序段后,屏幕上显示的结果是_____。

```
A=10
B=20
C=30
D=IIF(A>B, A,B)
E=IIF(C>D, C, D)
? D, E
```

4. 在 Visual FoxPro 中,执行如下程序段,屏幕输出结果是_____。

```
SET TALK OFF
CLEAR
PRIVATE  X, Y
STORE  "男"  TO  X
Y=LEN(X)+2
? IIF(Y<4, "男","女")
```

5. 下列程序段执行以后,内存变量 y 的值是_____。

```
X=76543
Y=0
DO WHILE  x>0
     Y=x% 10+y*10
     X=INT(x/10)
ENDDO
? Y
```

6. 执行下列程序段后,屏幕上显示的结果是_____。

DIME a(6)

a(1)=1

a(2)=1

FOR i=3 TO 6

　　　a(i)=a(i-1)+a(i-2)

NEXT

? a(6)

7. 下列程序段执行以后,内存变量 X 和 Y 的值是_____。

CLEAR

STORE　3　TO　X

STORE　5　TO　Y

PLUS(X,Y)

? X,Y

PROCEDURE PLUS

　　　PARAMETERS　A1,A2

　　　A1=A1+A2

　　　A2=A1+A2

ENDPROC

三、编程题

1. 求 1~100 间的所有偶数和。

2. 从键盘输入一个数,判断该数是否为素数。

3. 从键盘输入任意一个字符串,编写程序使其逆序输出。

4. 编写程序统计来自"江苏南京"的学生人数。

5. 依次输出成绩表中不及格的成绩信息。

第 7 章　面向对象基础与表单设计

Visual FoxPro 既支持传统的面向过程的设计方法，又支持功能更加强大的面向对象的设计方法。本章将介绍面向对象程序设计的基础知识、表单的基本概念、表单的设计方法、表单和常用控件的属性、方法和事件。

7.1　面向对象基础

面向对象程序设计是按照人类的思维方式对现实世界中的客观事物进行抽象和表达，并且把对客观事物的表达和对它的操作处理结合为一个有机的整体，即"对象"。这种方式符合人们的思维习惯，便于分解大型的、复杂多变的问题。面向对象程序设计是运用对象、类、继承、封装、多态等概念来构造系统，其核心思想是用面向对象的编程语言把现实世界的实体描述成计算机能理解的、可操作的，具有一定属性和行为的对象，并将数据及数据的操作封装在一起，通过调用对象的不同方法来完成相关事件。

7.1.1　对象

对象是反映事物属性及行为特征的描述。自然界中所有的事物都被看做成一个个的对象。对象可以是具体的物体，也可以指某些概念。在 VFP 中，一个窗口、一个按钮、一个菜单都可视为对象。每个对象都有自己的特征、行为和发生在对象上的事情，它们分别称为属性、方法和事件。

在面向对象的思想中，采用属性、方法和事件 3 个要素来描述对象，并通过它们来处理对象。

1. 对象的属性

属性是指一个对象所具有的性质、特征。它是对象所具有的静态特征，用来描述对象的状态。例如，苹果有颜色、大小、品种等属性。在 VFP 中每个对象都有不同的属性，并且允许设置或修改。

2. 对象的方法

方法是对象具有的动态特征，用来描述对象的行为或动作，其本质是一段可以实现某一特定功能的代码。例如，气球飞走，足球滚进球门等，飞走是气球的行为，而滚进是足球的行为,则飞走和滚进称为方法。在面向对象程序设计中每个对象都有自己的行为或动作,即方法。比如在 VFP 中 Release(释放表单)、Show(显示表单)等都是表单常用的方法。

　　3. 对象的事件

　　事件是对象能识别和响应的一个动作。例如,天下雪了,汽车开动了等都是人所能识别并做出反应的事件。在 VFP 面向对象程序设计中,事件是一些预先定义好的特定动作,可以由系统引发,但多数情况下,事件是通过用户的操作行为引发的。当事件发生时,将执行包含在事件过程中的全部代码。比如 Load、Init、Click 等都是常见的事件。

7.1.2　类

　　类是同一种对象的统称。属于同一个类的所有对象具有同一组属性、方法和事件,只是其中每个对象的属性值不同,对事件的反映不同而已。类是对象外观和行为的概括,对象是某个类的一个实例。因此类是对象的抽象描述,对象是类的具体实例。

　　在面向对象程序设计中类是创建对象的模板,在类中包含了同一种类的对象的特征和行为的信息。所有对象的属性、方法和事件都是在定义类时被指定的。

　　通常,类具有封装性、继承性和多态性等特性。

　　封装性是指把对象的属性和操作结合成一个独立的系统单位,并尽可能隐藏对象的内部细节。封装起来的源代码可独立编写与维护,既保证不受外界干扰,也有利于代码的重用。对数据的访问只能通过调用对象本身提供的方法来进行,对象之间的相互作用通过信息的传递来实现。类的封装性体现了面向对象技术中的信息隐藏机制。

　　继承性是指一个类可以从其他已有的类中派生,被派生的类称为父类,派生出的类称为子类,子类继承父类全部的属性和操作,但子类也可以有自己特有的属性和操作,使得每一个派生类较其父类更为具体和完善。类的继承性体现了面向对象技术的共享机制,可以降低编码和维护的工作量。

　　多态性是指在类中定义的属性或操作被特殊类型继承之后,可以具有不同的数据类型或表现出不同的行为。类的多态性体现了面向对象技术中的同名方法用不同代码实现的灵活机制。

7.1.3　基类

　　在 VFP 中,类可分为基类、子类和用户自定义类等三大类。基类是 VFP 系统内嵌的、预先定义的类。用户可以直接使用基类创建对象或创建子类。VFP 常用的基类如表 7.1 所示。

表 7.1　VFP 常用的基类

类名	含义	类名	含义
Label	标签	Pageframe	页框
Textbox	文本框	Shape	形状
Editbox	编辑框	Line	线条
Checkbox	复选框	Container	容器类
Optionbutton	选项按钮	Timer	计时器
Optiongroup	选项按钮组	Spinner	微调框
Commandbutton	命令按钮	Image	图像
Commandgroup	命令按钮组	Separator	分隔符
Column	表格中的列	Olecontrol	OLE 容器控件
Grid	表格	Oleboundcontrol	OLE 绑定控件
Listbox	列表框	Form	表单
Combobox	组合框	Formset	表单集
Page	页面	Toolbar	工具栏

在 VFP 中还可以允许用户按照已有的类派生其多个子类。即在父类的基础上派生子类，在子类的基础上再派生子类。每个基类都有自己的一套属性、方法和事件。当扩展某个基类创建用户自定义类时，子类都会从父类中继承父类已有的属性、方法和事件。而在 VFP 中有一些属性和事件是所有基类共有的。表 7.2 列出了所有基类共有的属性，即最小属性集。表 7.3 列出了所有基类共有的事件，即最小事件集。

表 7.2　VFP 基类的最小属性集

属性	说明
Class	类名，表示当前对象基于哪个类生成
BaseClass	基类名，当前类从哪个基类派生而来
ClassLibrary	类库名，当前类放在哪个类库中
ParentClass	父类名，当前类从哪个类直接派生而来

表 7.3　VFP 基类的最小事件集

事件	说明
Init	当对象创建时激活
Destroy	当对象从内存中释放时激活
Error	当类中的事件或方法程序中发生错误时激活

7.1.4　子类

在面向对象程序设计中,当基类不能满足应用程序需要时,需要从基类派生出子类(即创建用户自定义类)。子类不仅继承基类的所有属性和方法程序,还可以给子类添加新的属性和方法程序,以扩充子类的功能。VFP 允许用户使用类设计器创建新类,也可以直接编码或者使用表单设计器创建新类。

1. 创建类

在类设计中,有以下三种方法打开“新建类”对话框。

① 从项目管理器中新建类。

② 从文件菜单中新建类。

③ 直接在命令窗口输入 CREATE CLASS 命令。

[例 7.1]　创建一个退出表单功能的“close”命令按钮自定义类。

操作步骤如下:

(1) 选择“文件”菜单中的“新建”命令,打开如图 7.1 所示的“新建”对话框,选中“类”选项,然后单击“新建文件”按钮。

(2) 在打开的“新建类”对话框中指定新类的类名、子类派生的基类以及新类存储的位置等。如图 7.2 所示,指定新类的类名为 “close”,在“派生于”下拉列表框中选择基类为:“CommandButton”;在“存储于”文本框中,指定新类库名为“自定义类”,然后单击“确定”按钮。

图 7.1　“新建”对话框

图 7.2　“新建类”对话框

（3）在打开的类设计器窗口中，利用属性窗口设置其相关属性，如将"close"按钮的 Caption 属性设置为"关闭"，如图 7.3 所示。

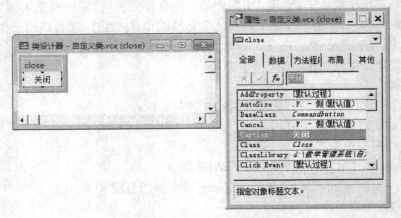

图 7.3 "close"类设计器窗口

（4）双击自定义类"close"按钮，打开自定义类的命令代码编辑对话框，设置 click 事件代码，如图 7.4 所示。

图 7.4 "代码"编辑窗口

（5）单击常用工具栏上的保存按钮，则新建的"close"类将自动保存到"自定义类.vcx"文件中，供以后应用程序使用。

2. 使用类

创建新类以后，就可以使用这些类来进行应用程序的设计和开发，以提高应用程序的开发效率。

[例 7.2] 创建一个表单，在该表单上添加例 7.1 创建的"close"命令按钮自定义类。

操作步骤如下：

（1）新建"表单"文件，打开"表单设计器"窗口，如图 7.5 所示。

（2）表单设计状态下单击"控件工具箱"上的"查看类"按钮，在弹出的快捷菜单中选择"添加"，如图 7.6 所示。

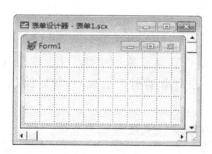

图 7.5　"表单设计器"对话框

图 7.6　表单控件工具箱

（3）在如图 7.7 所示的"打开"对话框中选择"自定义类"，然后单击"打开"按钮。

图 7.7　打开自定义类对话框

（4）将"控件工具箱"中的"close"按钮拖动到表单中生成一个命令按钮对象，如图 7.8 所示。

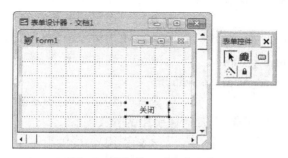

图 7.8　添加"close"自定义类

7.1.5 对象的操作

在 VFP 中,一般通过设置或修改对象的属性,调用对象的方法或事件来操作对象。

1. 引用对象

对象的引用有相对引用和绝对引用两种。

(1) 相对引用:是指在容器层次中相对于某个容器层次的引用。相对引用通常运用于某个对象的事件处理代码或方法程序代码中。在对象的引用层次中,常见的几个关键字如表 7.4 所示。

表 7.4 对象相对引用的常用关键字

关键字	含义	关键字	含义
This	当前对象	Thisformset	当前表单集
Thisform	当前表单	Parent	直接容器

[例 7.3] 在表单上有一个文本框 text1 和一个命令按钮组 commandgroup1,命令按钮组中有两个命令按钮 command1 和 command2,如图 7.9 所示。

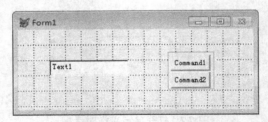

图 7.9 对象的嵌套层次

下面列举常见的对象引用方法:

在表单中任何控件的方法和事件代码中,引用对象的含义:

  Thisform   && 引用当前表单对象

  Thisform.text1   && 引用表单中的 text1 对象

  Thisform.commandgroup1 && 引用表单中的 commandgroup1 对象

  Thisform.commandgroup1.command1

           && 引用 commandgroup1 中的 command1 对象

如果当前控件是 text1 对象,下列对象引用的含义:

  This   && 引用 text1 对象

  This.parent   && 引用当前表单对象

说明:text1 对象的直接容器是当前表单,因此利用 parent 引用该对象的直接容器。

如果当前控件是 commandgroup1，下列对象引用的含义：

  This   && 引用 commandgroup1 对象

  This.parent   && 引用当前表单对象

如果当前控件是 command1，下列对象引用的含义：

  This   && 引用 command1 对象

  This.parent   && 引用 commandgroup1 对象

  This.parent.parent   && 引用当前表单对象

说明：command1 对象的直接容器是 commandgroup1 对象，而 commandgroup1 对象的直接容器是当前表单对象。

（2）绝对引用：是指从容器的最高层次引用对象，给出对象的绝对地址。例如图 7.9 表单（表单文件名为 Forma.scx）中文本框 text1 对象和命令按钮组的第二个命令按钮 command2 对象的绝对引用方法：

  Forma.text1

  Forma.commandgroup1.command2

2. 设置对象的属性值

在 VFP 中，一个对象的属性可以在设计时通过属性窗口进行静态设置，还可以在运行时进行动态设置或修改其属性。一个对象属性的引用和设置格式如下：

  对象的引用.属性=属性值

功能：为指定对象的相应属性设置属性值。

例如：将图 7.9 中 command1 的外观属性 caption 设置为"打开"，语句如下：

  Thisform.commandgroup1.command1.caption="打开"

由于一个对象往往具有许多属性，若需对多个属性同时进行设置，可通过 With …Endwith 结构进行设置，其设置格式如下：

  With 对象引用

   .属性 1=属性值 1

   .属性 2=属性值 2

   ……

  Endwith

例如，将图 7.9 中 command1 的外观属性 caption 设置为"打开"时，同时设置该命令按钮不可用，语句格式如下：

  With Thisform.commandgroup1.command1

   .caption="打开"

   .enabled=.F.

  Endwith

3. 调用对象的方法

在 Visual FoxPro 面向对象程序设计中，当一个对象创建后，可以从应用程序的任何位置调用该对象的方法，调用对象方法的格式如下：

　　　　对象的引用.方法名

功能：对指定对象调用指定的方法。

例如：

　　Thisform.release　　　　　　　　　　&& 释放当前表单
　　Thisform.text1.setfocus　　　　　　　&& 设置当前表单的文本框获得焦点

4. 调用对象的事件

在 Visual FoxPro 面向对象程序设计中，当一个对象创建后，并为该对象编写了相应的事件代码，则可以从应用程序的任何位置调用该对象的事件，调用对象的事件的格式如下：

　　　　对象的引用.事件名

功能：对指定对象调用指定的事件。

例如：假设图 7.9 中 command1 预先编写了 click 事件代码，则调用该事件的语句：

　　Thisform.commandgroup1.command1.click

7.2　表单设计

在应用程序中，用户界面是用户与应用程序交互的主要窗口。表单作为 VFP 面向对象程序设计的基本工具，通过表单为用户提供图形化的操作环境。

表单是 VFP 数据库系统开发的基本对象之一，作为用户操作数据库的基本界面，表单具有形象、友好、高效的特性。在 VFP 中可以用表单向导、表单生成器、表单设计器以及编程等各种方法创建表单。

7.2.1　表单向导

表单向导是通过使用 VFP 系统提供的功能快速生成表单程序的手段，通过使用表单向导可以建立两种类型的表单。

① 选择"表单向导"，可以创建基于单个表的表单。

② 选择"一对多表单向导"，可以创建基于两个具有一对多关系的表的表单。

1. 单表的表单

在 VFP 主菜单中，执行"文件"菜单中的"新建"命令，在打开的"新建"对话框中选择"表单"选项，或通过项目管理器选择"文档"选项卡中的"表单"，单击"新建"按钮，在弹出的对话框中选择"表单向导"后，然后按照系统一步一步指导自动完成表单设计。

[例7.4] 利用"表单向导",根据教学管理数据库 stum.dbc 中的学生表 student.dbf 建立学生基本信息浏览和编辑表单。

操作步骤如下：

（1）选择"文件"菜单中的"新建"命令，在打开的"新建"对话框中选择"表单"选项，然后单击"向导"按钮。

（2）在如图 7.10 所示的"向导选取"对话框中选择"表单向导"，单击"确定"按钮。

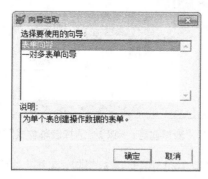

图 7.10 "向导选取"对话框

（3）在如图 7.11 所示的"表单向导：步骤 1-字段选取"对话框中选择表单所基于的表或视图。如选择教学管理数据库 stum.dbc 中的学生表，并将"可用字段"列表框中的全部字段移到"选定字段"列表框中，然后单击"下一步"按钮。

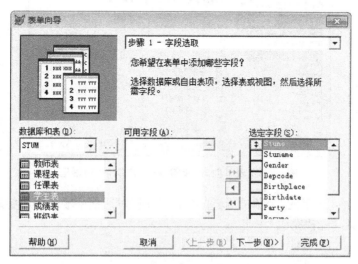

图 7.11 "表单向导：步骤 1—字段选取"对话框

（4）在如图 7.12 所示的"表单向导：步骤 2—选择表单样式"对话框中选择表单的"样式"和表单中的"按钮类型"，单击"下一步"按钮。

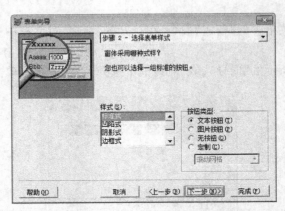

图 7.12　"表单向导：步骤 2—选择表单样式"对话框

（5）在如图 7.13 所示的"表单向导：步骤 3—排序次序"对话框中将"可用字段或索引标识"列表框中的"stuno"移到"选定字段"中，单击"下一步"按钮。

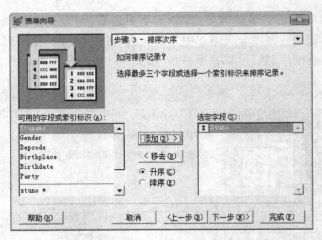

图 7.13　"表单向导：步骤 3—排序次序"对话框

（6）在如图 7.14 所示的"表单向导：步骤 4—完成"对话框中输入表单标题，并选中"保存并运行表单"选项，单击"完成"按钮。

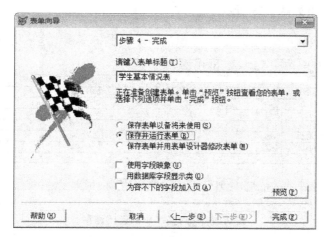

图 7.14 "表单向导:步骤 4—完成"对话框

(7) 在"另存为"对话框中输入表单文件名"student_form.scx",然后单击"保存",则系统根据选项自动执行表单,执行结果如图 7.15 所示。

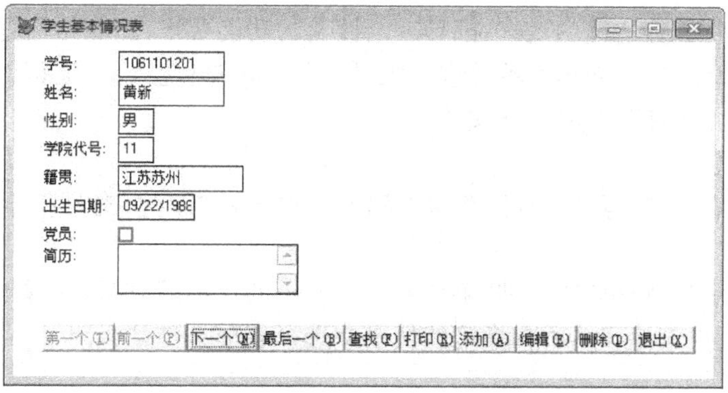

图 7.15 表单 student_form.scx 的执行结果

表单保存后,在磁盘上将自动产生两个文件,即表单文件(.scx)和表单备注文件(.sct)。

2. 一对多表单

在利用表单向导创建表单时,如图 7.10 所示的"向导选取"对话框中选择"一对多表单向导",就可以创建一个基于两个相关表(或视图)的表单。这两个表(或视图)存在一对多关系(例如学院表和学生表),其中学院表为父表,学生表为子表。一对多表单创建过程与前面的类似,区别在于要从相关的表(或视图)中选取字段并设置它们的关系。

例如:根据教学管理数据库 stum.dbc 中的学院表(department)和学生表(student)创建一

对多表单,其运行结果如图 7.16 所示。

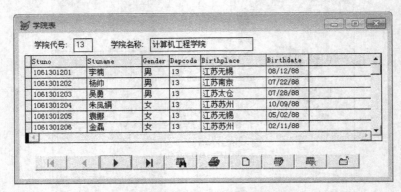

图 7.16   一对多表单的运行结果

在一对多表单中父表每次仅显示一条记录的数据,由于父表每条记录对应子表中的多条记录,因此子表的相关记录数据一般以表格形式显示。

7.2.2 表单设计器

在实际应用中,绝大多数的表单都具有个性化的功能要求,这些特性是表单向导不能完成的。因此表单设计器是创建表单的重要工具,不仅可以创建表单,还可以修改表单。

打开表单设计器有以下两种方式:

(1) 菜单方式

单击"文件"菜单或工具栏上的"新建"按钮,在弹出的"新建"对话框中选择"表单"单选按钮,单击"新建"按钮。

如果表单已存在,则单击"文件"菜单或工具栏上的"打开"按钮,在弹出的"打开"对话框中选择文件类型为"表单",然后在指定的目录中选择表单文件。

(2) 命令方式

在命令窗口可以使用命令创建表单文件,其语法格式如下:

    CREATE FORM <表单文件名>|?

功能:创建指定的表单文件。

如果表单已存在,则采用下列命令方式也可以打开表单设计器,其语法格式如下:

    MODIFY FORM <表单文件名>|?

功能:修改指定的表单文件。

1. 表单设计器环境

当表单设计器启动后,表单设计器工具栏、表单控件工具栏和属性窗口将会被自动打开,如图 7.17 所示。

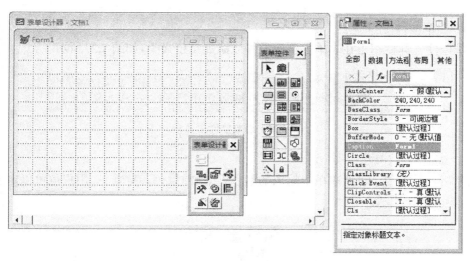

图 7.17　表单设计器窗口

（1）"表单"菜单

表单菜单中的命令主要用于创建、编辑表单或表单集，VFP 的表单菜单如图 7.18 所示。

（2）"表单设计器"工具栏

表单设计器工具栏用于设置设计模式，并控制相关窗口和工具栏的显示。表单工具栏从左向右的图形按钮分别为：设置 Tab 键次序、数据环境、属性窗口、代码窗口、表单工具栏、调色板工具栏、布局工具栏、表单生成器以及自动格式，如图 7.19 所示。

图 7.18　表单菜单

图 7.19　表单设计器工具栏

说明：设置 Tab 键次序主要用于显示表单控件的 Tab 键顺序，即按下键盘上的 Tab 键时焦点在控件间移动的顺序。表单运行时，多次按下 Tab 键可以逐个访问表单上的对象。默认情况下，Tab 顺序由控件建立时的先后顺序确定，用户可以改变这个次序以满足使用需要。

（3）"表单控件"工具栏

表单控件工具栏用于在表单上创建控件或添加自定义类，如图 7.20 所示。

图 7.20   表单控件工具栏

（4）"调色板"工具栏

调色板工具栏用于设置表单上对象的颜色，包括前景色和背景色，用户也可以定制自己的颜色，如图 7.21 所示。

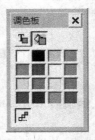

图 7.21   调色板工具栏

（5）"布局"工具栏

布局工具栏用于将表单中对象的位置进行排列，其工具栏如图 7.22 所示。

图 7.22   布局工具栏

（6）"属性"窗口

在 VFP 中表单是容器，可以容纳其他的容器和控件。通过"表单设计器"的"属性"窗口和代码窗口，可以对表单及其表单上对象的属性、方法和事件进行设置，如图 7.23 所示。

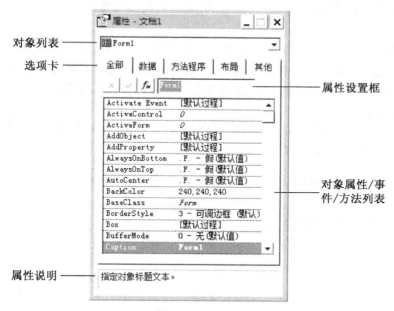

图 7.23　属性窗口

　　在属性窗口中包含了所有选定的表单或控件、数据环境、临时表、关系的属性、事件和方法程序列表。通过属性窗口,可以对这些属性值进行设置或更改。

　　属性窗口由"对象"列表框、选项卡、属性设置框、对象属性/事件/方法列表、属性说明几部分组成。

　　◆ "对象"列表框:它位于标题栏下方,显示当前选定对象所属的类图标和名称。单击"对象"列表框中的下拉箭头可列出当前表单以及所包括的全部对象的名称列表,用户可以从中选择需要设置属性的对象。

　　◆ 选项卡:在"对象"列表框下方有五个选项卡,分别按类别显示对象的属性、方法和事件。各选项卡所包含的内容如表 7.5 所示。

表 7.5　属性窗口选项卡包含内容

选项卡	包含内容	选项卡	包含内容
全部	显示所选对象的所有属性、方法和事件	方法程序	显示所选对象的事件和方法程序
		布局	显示所选对象的布局属性
数据	显示所选对象数据的属性	其他	显示所选对象的其他属性和自定义属性

　　◆ 属性设置框:用来修改属性列表中的属性值。属性设置选项的左边有三个图形按钮,

其中"×"表示取消属性值的修改;"✓"表示确认属性值的修改;"*fx*"表示使用函数自动生成属性值。

◆ 对象属性/事件/方法列表:是一个包含两列的列表,分别是所选对象属性/事件/方法的名称和当前的取值。如果以斜体显示取值,表示该值是只读的,即不可对其进行修改。用户在列表中选择一个属性、事件或方法,在属性窗口的底部会显示其说明信息。

(7) 代码窗口

表单中的每个控件对象都有自己的代码窗口,用于响应各种事件。"代码"窗口包含两个组合框和一个列表框,如图 7.24 所示。

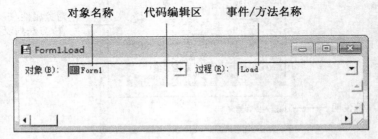

图 7.24　代码窗口

打开代码窗口有以下几种方法:

① 双击表单或控件对象。

② 选定表单或控件快捷菜单中的"代码"命令。

③ 选择"显示"菜单中的"代码"命令。

④ 双击属性窗口的事件或方法程序选项。

(8) 数据环境

表单中的数据环境是一个容器,用于设置表单中使用的表和视图以及表单所要求的表之间的关系。这些表、视图以及表之间的关系都是数据环境容器中的对象,可以设置它们的属性。当表单执行时,数据环境中的表和视图会自动打开,表之间的关系被自动建立;当表单释放时,数据环境中的表和视图被自动关闭。

数据环境是通过"数据环境设计器"进行设置的。操作方法:单击"表单设计器工具栏"上的"数据环境"按钮或打开"显示"菜单,选择"数据环境"命令或在表单的空白处单击鼠标右键,在弹出的快捷菜单中选择"数据环境"命令,即可打开数据环境设计器。

数据环境设计器打开后,可以进行以下操作:

① 向数据环境添加表或视图。从"数据环境"菜单或快捷菜单中选择"添加"命令,在打开的"添加表或视图"对话框中选择表或视图。

② 从数据环境中移去表或视图。在数据环境设计器中选中要移去的表或视图,从快捷

菜单中选择"移去"命令。

　　③ 在数据环境中设置关系。如果添加到数据环境中的多张数据表之间存在永久关系，则这些关系会被自动带入数据环境。如果数据表之间不存在永久关系，则可以在数据环境中设置它们之间的关系。设置方法：从主表中拖动字段到子表中相匹配的索引标识上。

　　关系设置完成后，在数据表之间会出现一条连线。如果要编辑关系的属性，则单击鼠标右键，在弹出的快捷菜单中选择"属性"命令即可，如图 7.25 所示。

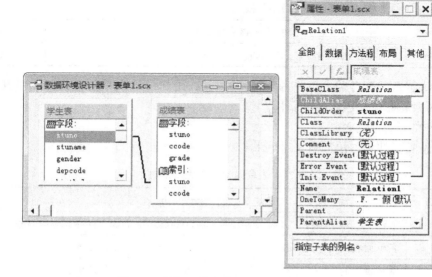

图 7.25　数据环境中表之间关系的属性设置

　　说明：数据环境中设置的关系是临时关系，在表单执行时建立，在表单释放后不再存在。

2. 表单的常用属性、事件和方法

（1）表单的常用属性

在 VFP 中，表单具有多种属性，其中最常用的属性如表 7.6 所示。

表 7.6　表单的常用属性

属性名称	功能	默认值
Caption	表单标题栏中的文本	Form1
Name	表单的名称	Form1
Backcolor	表单的背景色	240,240,240
Autocenter	指定表单初始化时是否自动在 Visual FoxPro 主窗口中居中显示	.F.

(续表)

属性名称	功能	默认值
Borderstyle	指定表单边框样式	3
Alwaysontop	指定表单是否总是处在其他打开的窗口之上	.F.
Closable	指定是否通过双击窗口菜单图标来关闭表单	.T.
Maxbutton	指定表单是否有最大化按钮	.T.
Minbutton	指定表单是否有最小化按钮	.T.
Icon	指定表单最小化时,表示该表单的图标	空
Showwindow	指定表单窗口显示表单或工具栏	0

其中默认值是系统自动为表单每个属性赋予的,用户设计表单时不仅可以对其进行修改,还可以根据需要自己创建新的属性。

(2) 表单的事件和方法

表单常见的事件和方法如表 7.7 所示。

表 7.7　表单的常见事件和方法

事件与方法	说明	事件与方法	说明
Init	创建表单对象事件	Destroy	从内存释放表单对象事件
Load	表单加载到内存的事件	RightClick	鼠标右键单击表单事件
Refresh	刷新表单的方法	Release	释放表单的方法
Show	表单显示的方法,该方法将表单的 Visible 属性设置为.T.	Hide	隐藏表单的方法,该方法将表单的 Visible 属性设置为.F.

[例 7.5]　设计一个表单界面,当表单创建时表单标题文本为"教学管理系统"。运行时,表单居中显示,控制图标设置为"d:\教学管理系统\pc.ico"图标文件。当单击"退出"按钮,自动关闭表单;其运行结果如图 7.26 所示。

图 7.26　表单运行结果

例 7.5 实现过程如下：

（1）打开表单设计器，在表单上添加一个命令按钮控件（Command1）。

（2）打开"属性"窗口，设置表单及控件相关属性，如表 7.8 所示。

表 7.8　表单及控件对象属性设置

对象	属性	值
Form1	MaxButton	.F.
	MinButton	.F.
	AutoCenter	.T.
	Icon	D:\ 教学管理系统\ pc.ico
Command1	Caption	退出

（3）双击表单空白处，进入代码编辑窗口，设置表单对象的 Init 事件代码：

　　　　Thisform.caption="教学管理系统"　&& 设置表单标题文本

（4）"退出"按钮的 Click 事件代码：

　　　　Thisform.release　　　　　　　　&& 释放并关闭表单

3. 保存和运行表单

当表单设计后，通过"文件"菜单中的"保存"命令或工具栏上的"保存"按钮将保存表单文件。

运行表单时，单击工具栏上的" ![按钮] "按钮，或在"表单"菜单中选择"执行表单"命令，或单击鼠标右键，执行快捷菜单中的"执行表单"命令运行表单，查看运行结果。如果要在程序调用中运行表单，则需要使用执行表单的命令。执行表单的命令格式如下：

　　　　DO FORM <表单文件名>|? [NAME <变量名>] [WITH <参数表>]

其中，NAME <变量名>是指执行表单的名字，以后引用该表单时使用这个变量名；WITH <参数表>用于向表单的 Init 事件代码传递参数。

4. 创建新属性和新方法

在 VFP 中，系统提供了表单的常用属性和方法用于表单设计。此外，用户还可以根据需要自定义新的属性和方法。属性包含了一个值，方法程序包含了一个方法代码。新建的属性和方法的作用域是该表单，可以如同引用表单其他属性和方法那样引用它们。

（1）新属性

选择"表单"菜单中"新建属性"命令，打开"新建属性"对话框，如图 7.27 所示。

在"名称"框中输入属性名，同时可在"说明"框中加上该属性的注释，单击"添加"按钮，即可

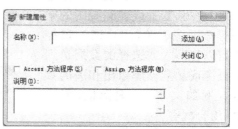

图 7.27　"新建属性"对话框

创建新的属性。这时新属性会出现在属性窗口中,默认值为.F.。

（2）新方法

选择"表单"菜单中"新建方法程序"命令,打开"新建方法程序"对话框,如图7.28所示。

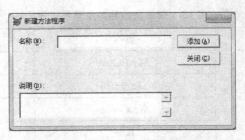

图 7.28　"新建方法程序"对话框

在"名称"框中输入方法名,同时可在"说明"框中加上该方法的注释,单击"添加"按钮,即可创建新的方法。这时新方法会添加到属性窗口中,系统提示该方法为"默认过程"。在属性窗口中双击该方法,即可打开方法程序的代码编辑窗口,输入该方法的程序代码,保存并关闭。

7.3　常用表单控件

在 Visual FoxPro 中,一个表单中可包含其他的控件,表单是通过控件为用户提供图形化的界面。表单控件工具栏提供了系统常用的一些控件,如图 7.29 所示。

表单中的控件有两类:与数据绑定的控件和不与数据绑定的控件。

（1）与数据绑定的控件:是指与表、视图、变量或表和视图的字段等数据源有关,用户通过该控件可以将输入或选择的数据送到数据源或从数据源取出相关的数据。例如文本框、编辑框、列表框、组合框等。

（2）不与数据绑定的控件:是

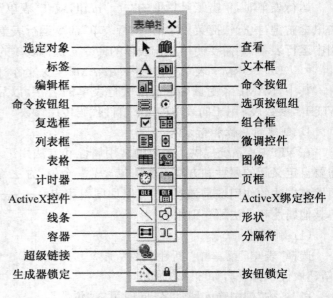

图 7.29　表单控件工具栏上的控件

指与数据源无关。例如标签、命令按钮、计时器等。

7.3.1　标签

标签控件(Label)一般用于界面提示信息,主要用于在表单上增加文字说明,常用于标注不具有 caption 属性的控件,如文本框、列表框以及组合框等。

1. 标签的常用属性

Caption 属性:用于设置标签中显示的文本内容。

Alignment 属性:用于设置标签文本内容显示的对齐方式。默认值为 0,表示文本左对齐显示;值为 1,文本右对齐显示;值为 2,文本居中显示。

AutoSize 属性:用于设置标签是否可随文本内容的多少自动调整大小。默认值为.F.,则标签大小不随文本内容调整,超出的内容不显示;若值为.T.,则标签可随文本内容自动调整大小。

BackStyle 属性:用于确定标签的背景是否透明。默认值为 1,表示不透明;值为 0 时,表示背景透明。

BorderStyle 属性:用于设置标签是否有边框。默认值为 0,标签没有边框;值为 1,标签有单线边框。

WordWrap 属性:用于设置标签是否多行显示文本内容。默认值为.F.,单行显示文本内容;值为.T.,多行显示文本内容。

2. 标签的事件

标签有 Click 事件、Dblclick 事件等,但标签的主要作用是显示文本,这些事件并不常用。

7.3.2　命令按钮

命令按钮控件(Commandbutton)是用来启动某个事件代码,完成特定功能,如关闭表单、移动记录指针、执行查询等。一般通过单击命令按钮来实现。

1. 命令按钮常用的属性

Caption 属性:用于设置命令按钮上显示的文本内容。

Enabled 属性:用于指定表单或控件能否响应由用户引发的事件。默认值是.T.,则可以响应用户引发的事件;值为.F.,则不能响应。

Visible 属性:用于指定对象是否可见。默认值为.T.,运行表单时,该对象是可见的;值为.F.,运行时,该对象是不可见的。

Default 属性:用于设置按钮是否为表单上的默认按钮,默认值.F.。当 Default 属性值为.T.时,表单运行时按下[Enter]键就相当于单击此按钮。

Cancel 属性:用于设置按钮是否为表单上的取消按钮,默认值.F.。当 Cancel 属性值为.T.时,表单运行时按下[Esc]键就相当于单击此按钮。

注意：在一个表单中只能有一个命令按钮的 Default 属性值为.T.，只能有一个命令按钮的 Cancel 属性值为.T.。

2．命令按钮常用的事件

命令按钮最常用的事件是 Click 事件，即鼠标单击该命令按钮时触发的事件。

[例 7.6] 设计一个"教学管理系统"启动界面，如图 7.30 所示。当用户单击"进入"按钮时，弹出用户提示信息；单击"退出"按钮则自动关闭表单。

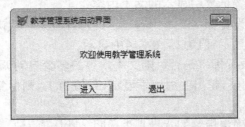

图 7.30   教学管理系统启动界面

例 7.6 实现过程如下：

（1）打开表单设计器，在表单上添加一个标签控件 Label1 和两个命令按钮控件 Command1 和 Command2。

（2）在"属性"窗口设置表单及控件的相关属性，如表 7.9 所示。

表 7.9   表单及控件对象属性设置

对象	属性	值
Form1	Caption	教学管理系统启动界面
	MaxButton	.F.
	MinButton	.F.
	AutoCenter	.T.
Label1	Caption	欢迎使用教学管理系统
	AutoSize	.T.
	BackStyle	0-透明
Command1	Caption	进入
	Default	.T.
Command2	Caption	退出
	Cancel	.T.

（3）鼠标双击"进入"命令按钮，在代码编辑窗口中添加 Command1 对象的 Click 事件代码：

　　　　=MESSAGEBOX("使用教学管理系统前，请用户先登录!", 4+64+0, "提示")

（4）双击"退出"命令按钮，添加 Command2 对象 的 Click 事件代码：

　　　　Thisform.release

（5）保存并运行表单，单击"进入"按钮后将弹出消息提示框，如图 7.31 所示。

图 7.31　消息提示框

7.3.3　文本框

　　文本框控件（Textbox）用于接收或显示用户输入的信息，是一个具有修改、删除、复制与粘贴功能的文本编辑区。可以使用文本框输入用户名、密码等初始数据，也可以显示数据表中的数据。

　　1. 文本框常用的属性

　　Value 属性：用于返回或设置文本框中显示的内容。默认值为空字符串，可以根据用户需要设置指定类型的值，该值可以是常量或表达式计算的结果。

　　Controlsource 属性：用于设置文本框的数据源，可以是数据表或视图中的字段。

　　Alignment 属性：用于设置文本内容显示的对齐方式。默认值为 3，自动；值为 0，文本左对齐显示；值为 1，文本右对齐显示；值为 2，文本居中显示。

　　Passwordchar 属性：用于设置文本框的密码字符，一般用于密码文本框。默认值为空字符串，文本框显示输入的字符；如果该属性值为某个字符（如" *"），则程序运行时文本框中显示的内容将以该字符来代替。

　　Readonly 属性：设置文本框中的数据是否只读。默认值为.F.，即可编辑文本框的内容。

　　InputMask 属性：指定文本框中数据的输入格式和显示方式。如表 7.10 列出了该属性设置常用的符号。

表 7.10   InputMask 属性设置说明

符号	描述	符号	描述
X	允许输入任何字符	*	在数值左侧显示星号
9	允许输入数字和正负号	.	指定小数点的位置
#	允许输入数字、空格和正负号	,	分隔小数点左侧的整数部分
$	在某一固定位置显示当前货币符号（由 SET CURRENCY 命令指定）	$ $	在数值前面相邻的位置上显示货币符号

Format 属性：指定文本框控件的 Value 属性输入输出格式，即指定数据输入的显示条件和显示格式。如表 7.11 列出了该属性设置常用的符号。

表 7.11   Format 属性设置说明

符号	描述	符号	描述
!	把字母符号转换为大写字母，只用于字符型数据，且只用于文本框	K	当控件具有焦点时选择所有文本
		L	在文本框中显示前导零，而不是空格。只对数值型数据使用
$	显示货币符号，只用于数值型数据或货币型数据	M	包含向后兼容的功能
^	使用科学计数法显示数值型数据，只用于数值型数据	R	显示文本框的格式掩码，该掩码在文本框的 InputMask 属性中指定
A	只允许字母符号（不允许空格或标点符号）	T	删除输入字段前导空格和结尾空格
D	使用当前的 SET DATE 格式	YS	显示短日期格式的日期值
E	以英国日期格式编辑日期型数据	YL	显示长日期格式的日期值

2. 文本框常用的方法

文本框常用的方法：SetFocus。该方法调用的语法格式如下：

对象引用.SetFocus

功能：给文本框设置焦点。当表单上有多个控件对象时，使用 SetFocus 方法可以把光标移动到指定的文本框中，使该文本框具有焦点。

说明：焦点是对象接收用户鼠标或键盘输入的能力，当一个对象具有焦点时，它就成为活动对象，可以接收用户的输入。但要注意的是：不是所有的控件都可以接收焦点。例如，标签、形状、图像、计时器和容器控件等都不能接收焦点。

3. 文本框常用的事件

文本框常用的事件：Valid，即当文本框失去焦点时，触发该事件。一般用于检查文本框中输入的文本内容,防止非法数据的输入。

[例 7.7]　设计一个用户登录界面,如图 7.32 所示。设已建立一个用户表,表结构如表 7.12 所示,并且该表中已录入用户信息。

表 7.12　用户表结构

字段名	字段类型	字段宽度	含义
User_name	字符型	8	用户名
User_pw	字符型	6	密码

运行表单时,在文本框 text1 中输入用户名,文本框 text2 中输入密码。单击"登录",验证该用户名在用户表中是否存在。若存在并且密码正确,则提示"登录成功,欢迎进入教学管理系统!",否则提示"用户不存在或密码错误"相关信息;单击"退出",则关闭表单;单击"重置",则清空文本框的内容。

图 7.32　用户登录运行界面

例 7.7 实现过程如下:

(1) 打开表单设计器,在表单上添加两个标签控件 Label1 和 Label2,两个文本框 Text1 和 Text2,三个命令按钮控件 Command1 和 Command2 以及 Command3。

(2) 在表单上单击右键,在弹出的快捷菜单中选择"数据环境",将用户表添加到数据环境。

(3) 在"属性"窗口设置表单及控件的相关属性,如表 7.13 所示。

表 7.13　表单及控件对象属性设置

对象	属性	值
Form1	Caption	用户登录
Label1	Caption	用户名
Label2	Caption	密码
Text2	Passwordchar	*
Command1	Caption	登录
Command2	Caption	退出
Command3	Caption	重置

(4) 双击"登录"命令按钮,在代码编辑窗口添加 Command1 对象的 Click 事件代码:
　　SELECT 用户表

```
GO TOP
LOCATE FOR user_name=thisform.text1.value        && 根据用户名定位记录
IF !FOUND()                                        && 查找用户名是否存在
    =MESSAGEBOX("查无此人,请重新输入",48,"信息提示")
    Thisform.text1.value=""                        && 清空文本框 text1 的内容
    Thisform.text1.setfocus                        && 文本框 text1 获得焦点
    Return                                          && 返回
ELSE                                               && 若用户名存在
    IF NOT(user_pw=thisform.text2.value)           && 判断密码是否正确
        =MESSAGEBOX("密码不正确,请重新输入密码",48,"信息提示")
        Thisform.text2.value=""                    && 清空文本框 text2 的内容
        Thisform.text2.setfocus                    && 文本框 text2 获得焦点
        Return
    ELSE                                           && 用户名存在并且密码正确
        =MESSAGEBOX("登录成功,欢迎进入教学管理系统!",48,"信息提示")
    ENDIF
ENDIF
```

（5）双击"退出"命令按钮,在代码编辑窗口添加 Command2 对象的 Click 事件代码:

```
Thisform.release
```

（6）双击"重置"命令按钮,为 Command3 对象添加 Click 事件代码:

```
Thisform.text1.value=""                            && 清空文本框 text1 的内容
Thisform.text2.value=""
Thisform.text1.setfocus                            && 文本框 text1 获得焦点
```

（7）保存并运行表单,输入用户名和密码,单击"登录"按钮,如果用户名存在并且密码正确,则弹出消息提示框,如图 7.33 所示。

图 7.33　消息框

7.3.4　编辑框

编辑框控件(Editbox)的用途与文本框相似,但可以输入或编辑字段值长的字段和备注型字段,允许自动换行并能使用滚动条浏览文本。

编辑框的常用属性如下:

Value 属性:用于返回或设置编辑框中显示的内容,默认值为空字符串。

ControlSource 属性:用于绑定数据源中的字段,一般是备注型字段。

ScrollBars 属性:设置编辑框是否有垂直滚动条。默认值为 2,有垂直滚动条;值为 0,没有滚动条。

7.3.5　选项按钮组

选项按钮组控件(Optiongroup)是包含多个选项按钮的容器控件,运行时允许用户从中只能选择一项。当某一项被选定后,其对应的圆圈中出现一个黑点,其他选项则自动处于未选中状态,如图 7.34 所示。

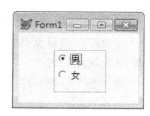

图 7.34　选项按钮组

1. 选项按钮组的常用属性

ButtonCount 属性:指定选项按钮组中选项按钮的数目。默认值为 2,即两个选项按钮。

BorderStyle 属性:指定边框样式。默认值为 1,固定单线边框;值为 0,无边框。

ControlSource 属性:指定所绑定的数据源。

Value 属性:指定控件当前状态。其值为数值,用于指明第几个按钮被选择。默认值为 1,即第一个选项按钮被选择;值为 0,无按钮被选择。

说明:如果在属性窗口或通过代码将 Value 属性值设为字符型数据,或通过 ControlSource 属性将该控件绑定到一个字符型字段,则 Value 属性保存的数据为字符型数据,选择某选项按钮时将保存其 Caption 属性值。

选项按钮组的子对象是选项按钮,即子控件。子控件的编辑方法:鼠标右键单击选项按钮组,执行快捷菜单中的"编辑"命令,或在属性窗口的对象列表框中选择子控件,即可编辑选项按钮。可以设置每个选项按钮的标题(Caption)属性以及字体/字号/颜色等属性。

2. 选项按钮组的生成器

在选项按钮组上单击鼠标右键,在弹出的快捷菜单中执行"生成器"命令。在如图 7.35 所示的对话框中设置选项按钮的个数、Caption 属性、排列方式以及绑定的字段等。

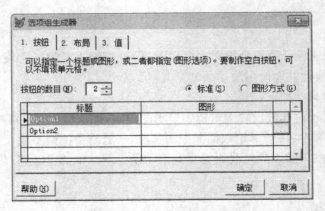

图 7.35   选项按钮组生成器

3. 选项按钮组的常用事件

选项按钮组最常用的事件是 InteractiveChange 事件,在运行状态下以交互方式改变选项按钮组的状态时发生。

[例 7.8]   创建一个表单,用于统计各学历教师人数,运行结果如图 7.36 所示。

图 7.36   运行结果

例 7.8 实现过程如下:

(1) 打开表单设计器,在表单上添加一个选项按钮组 Optiongroup1,一个标签 Label1 和一个文本框 Text1。

(2) 在属性窗口设置表单及控件的相关属性,如表 7.14 所示。

表 7.14   表单及控件对象属性设置

对象	属性	值
Form1	Caption	统计教师信息
Label1	Caption	统计人数
Text1	Alignment	2-中间

（续表）

对象	属性	值
Optiongroup1	ButtonCount	3
	BorderStyle	0-无
	Value	1
Option1	Caption	博士
Option2	Caption	硕士
Option3	Caption	本科

（3）打开代码编辑窗口，添加 Optiongroup1 对象的 InteractiveChange 事件代码：

```
DO CASE
CASE   this.value=1                              && 统计"博士"
    SELECT COUNT(*) as 人数 FROM teacher;
    WHERE education="博士" INTO ARRAY t
CASE   this.value=2                              && 统计"硕士"
    SELECT COUNT(*) as 人数 FROM teacher;
    WHERE education="硕士" INTO ARRAY t
CASE   this.value=3                              && 统计"本科"
    SELECT COUNT(*) as 人数 FROM teacher;
    WHERE education="本科" INTO ARRAY t
ENDCASE
Thisform.text1.value=STR(t)                       && 显示统计结果
```

7.3.6 复选框

复选框（Checkbox）与选项按钮组类似，也是用于选择的控件。但不同的是复选框用于指定或显示一个逻辑状态：真/假、开/关、是/否，它与逻辑型字段绑定。当处于选定状态时，复选框内显示一个"√"，否则复选框内为空白，如图 7.37 所示。

图 7.37 复选框

复选框的常用属性如下：

Caption 属性：指定显示在复选框旁的文本。

ControlSource 属性：指定复选框要绑定的数据源。通常情况下，用复选框处理逻辑型字段，或绑定到逻辑型字段上。

Value 属性：用于设置复选框是否处于选中状态。默认值为 0，复选框未被选中；值为 1，复选框被选中；值为 2，复选框为灰色显示。此外，Value 属性也可以设置为.T.或.F.。

复选框的常用事件有 Click、InteractiveChange 等。

7.3.7 命令按钮组

命令按钮组控件（Commandgroup）是包含一组命令按钮的容器控件，用户可以单个或作为一组来操作其中的按钮。每一个命令按钮都有各自的属性、事件和方法。

命令按钮组的常用属性如下：

ButtonCount 属性：指定命令按钮组中命令按钮的数目。默认值为 2，即两个命令按钮。

Buttons 属性：用于存取命令按钮组中各按钮的数组。用户可以利用该数组为命令按钮组中的命令按钮设置属性，也可以利用该数组调用命令按钮组中命令按钮的方法。属性数组下标的取值范围为 1～ButtonCount。

Value 属性：指定命令按钮组控件当前的状态，默认值为 1。运行表单时，其值为用户所选命令按钮的顺序号。

命令按钮组的常用事件是 Click。

说明：如果命令按钮组内的某个命令按钮有自己的 Click 事件代码，那么一旦单击该命令按钮，就会优先执行命令按钮本身的事件代码，而不会执行命令按钮组的 Click 事件代码。

[例 7.9] 创建一个浏览学生信息的表单，如图 7.38 所示。当运行表单时，用命令按钮组中的各个命令按钮控制学生记录的移动。

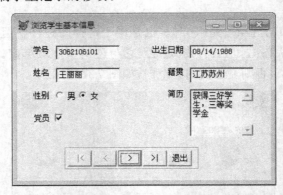

图 7.38 命令按钮组控件示例

例 7.9 实现过程如下：

（1）打开表单设计器，在表单底部添加一个命令按钮组 Commandgroup1。

（2）打开"数据环境"窗口，添加学生表（student）。

（3）从数据环境中将学生表的相应字段拖动到表单上，则在表单上产生相应的控件，并且这些控件已与该字段绑定。

（4）适当调整控件布局。

（5）删除与性别（gender）字段绑定的文本框，添加一个选项按钮组 Optiongroup1。

（6）在属性窗口设置表单及各控件的相应属性，如表 7.15 所示。

表 7.15　表单及控件对象属性设置

对象	属性	值
Form1	Caption	浏览学生基本信息
Optiongroup1	ButtonCount	2
	ControlSource	Student.Gender
	BorderStyle	0
Option1	Caption	男
Option2	Caption	女
Commandgroup1	ButtonCount	5
Command1	Caption	|<
Command2	Caption	<
Command3	Caption	>
Command4	Caption	>|
Command5	Caption	退出

（7）打开代码编辑窗口，添加对象 Commandgroup1 的 Click 事件，事件代码如下：

```
DO CASE
    CASE   this.value=1
        GO TOP                          && 首记录
    CASE   this.value=2
        IF !BOF()                       && 上一条记录
            SKIP -1
        ENDIF
    CASE   this.value=3
```

```
            IF !EOF()                          && 下一条记录
                SKIP
            ENDIF
        CASE   this.value=4
            GO BOTTOM                           && 末记录
        OTHERWISE
            Thisform.release
        ENDCASE
        Thisform.refresh                        && 刷新表单
```

7.3.8　列表框

　　列表框控件（Listbox）用于提供多个项目供用户选择。列表框列出一组选项，用户可以选中其中的一项或多项，被选中的列表项加亮显示。若列表项太多，超出列表框设计时的高度，系统将自动给列表框加上滚动条，如图 7.39 所示。默认情况下，执行表单时，在列表框中只可以选中一个列表项。

图 7.39　列表框

　　1. 列表框常用的属性

　　列表框常用属性有：ColumnCount、Rowsource、Rowsourcetype、Listcount、Listindex、List、MultiSelect、Value 等。

　　ColumnCount 属性：用于设置列表框中列的个数。默认值为 0，列表框仅显示一列。

　　RowSource 属性：用于设置列表框控件中值的来源，可以是手工输入、表或视图、查询、SQL 语句、数组以及其他文件等。RowSource 属性取值类型由 RowSourceType 属性来确定。

　　RowSourceType 属性：用来设置列表框控件中值的来源类型。RowSourceType 属性的取值及其含义如表 7.16 所示。

表 7.16 RowSourceType 属性的取值及其含义

属性值	描述
0	无(默认值)。在运行时可使用 Additem 方法填充列表框的条目
1	值。通过 RowSource 属性手工指定具体的条目,条目间用逗号分隔
2	别名。将表中的字段值作为列表框的条目,列数由 ColumnCoun 属性指定
3	SQL 语句。将 SQL- select 语句的执行结果作为列表框的数据源,在语句中要求带 INTO TABLE/CURSOR 子句
4	查询(.pqr 文件)。将.pqr 文件执行的结果作为列表框的数据源
5	数组。将数组的内容作为列表框的数据源
6	字段。将表中的一个或多个字段的值作为列表框的数据源,字段名之间用逗号分隔
7	文件。用当前目录填充列,这时 RowSource 属性指定文件的说明信息,如*.dbf 或*.txt
8	结构。RowSource 属性为表名,系统用表的字段名作为列表框的条目
9	弹出式菜单。将弹出式菜单作为列表框的条目

ListCount 属性:用于返回列表框中所有列表项的总数。该属性是一个只读属性,不能在属性窗口中设置,只能在表单运行时访问。如图 7.40 所示,列表框的 ListCount 属性值为 8。

图 7.40 列表框的条目

ListIndex 属性:用于设置或返回运行时列表框中当前选定项的索引值。ListIndex 属性只能在程序代码中引用和设置,一般与 List 属性结合起来使用,共同确定列表框选定项目的文本。

List 属性:为数组属性,由所有列表项组成的一维字符串数组,列表框的每一项都是 List 属性数组的一个元素,下标依次为 1,2,3,…。

MultiSelect 属性:用于设置是否允许用户在列表框中同时选择多个列表项。默认值为 .F.,不允许多项选择;值为.T.,允许多项选择,用[Ctrl]键和鼠标单击,可选定多个不连续的选项;用[Shift]键和鼠标单击,可选定多个连续选项。

Value 属性:用于返回列表框中被选中的数据项。如果列表框不止一列,则返回由 BoundColumn 指定的列上的数据项。

2. 列表框的常用方法和事件

列表框的常用方法有 AddItem、RemoveItem 和 Clear。

(1) AddItem 方法

列表框 AddItem 方法的调用,其语法格式如下:

列表框的引用. AddItem("列表项文本")

功能:向列表框中添加新的列表项,每次只能添加一个列表项。

(2) RemoveItem 方法

列表框 RemoveItem 方法的调用,其语法格式如下:

列表框的引用. RemoveItem(Index)

功能:从列表框中删除指定下标的列表项,一次只能删除一个列表项,其中参数 Index 表示列表框中要删除的列表项的下标。

(3) Clear 方法

列表框 Clear 方法的调用,其语法格式如下:

列表框的引用. Clear

功能:用于清空指定列表框的内容。

列表框的常用事件有 Click、Dblclick、InteractiveChange 等。

[例 7.10] 创建一个表单,单击"添加"命令按钮可以将左边列表框所选项添加到右边的列表框;单击"移去"命令按钮可以将右边列表框所选项移去(删除),如图 7.41 所示。

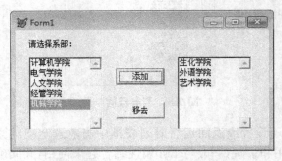

图 7.41 列表框示例

例 7.10 实现过程如下:

(1) 打开表单设计器,在表单上添加两个列表框控件 List1 和 List2,两个命令按钮控件 Command1、Command2 和一个标签 Label1 控件。

（2）在属性窗口设置各控件的相应属性，如表 7.17 所示。

表 7.17　控件对象属性设置

对象	属性	值
Label1	Caption	请选择系部：
Command1	Caption	添加
Command2	Caption	移去
List1	RowSourceType	3-SQL 语句
	RowSource	SELECT depname FROM department INTO CURSOR temp

（3）双击"添加"按钮，在代码编辑区添加 Command1 对象的 Click 事件代码：

　　　　Thisform.list2.additem(thisform.list1.value)

　　　　thisform.list1.removeitem(thisform.list1.listindex)

（4）双击"移去"按钮，在代码编辑区添加 Command2 对象的 Click 事件代码：

　　　　Thisform.list2.removeitem(thisform.list2.listindex)

7.3.9　组合框

组合框控件（Combobox）是将文本框和列表框结合在一起的组合体，在列表框中选中的列表项会自动填充入文本框。组合框的功能与列表框相似，也是提供多个项目供用户选择，但一次只能选取一个列表项，不能设为多项选择，因此无 MultiSelect 属性。

组合框的一些属性与列表框相同，例如 ColumnCount、Rowsource、Rowsourcetype 等，其使用方法与列表框相同。

组合框分为下拉组合框和下拉列表框两类，由 Style 属性确定。组合框控件的 Style 属性取值及其含义如表 7.18 所示。

表 7.18　Style 属性的取值及其含义

属性值	组合框的类型	功能
0	下拉组合框	既可在列表框中选择，也可在文本框中输入
2	下拉列表框	仅可在列表框中选择，文本框只能显示选择的结果

组合框的常用方法有 Additem、RemoveItem、Clear，其用法也与列表框相似。

组合框的常用事件有 Click、InteractiveChange 等。

[例 7.11]　创建一个表单，如图 7.42 所示。组合框显示所有系部名称，并且在组合框中选择系部信息后，列表框中显示该系部的所有教师的工号和姓名。

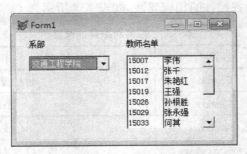

图 7.42　组合框和列表框示例

例 7.11 实现过程如下：

（1）打开表单设计器，在表单上添加两个标签控件 Label1 和 Label2、一个组合框 Combo1 控件和一个列表框 List1 控件。

（2）打开数据环境，添加学院表（department）。

（3）在属性窗口设置各控件的相应属性，如表 7.19 所示。

表 7.19　控件对象属性设置

对象	属性	值
Label1	Caption	系部
Label2	Caption	教师名单
Combo1	RowSourceType	6-字段
	RowSource	Department.depname
	Style	2-下拉列表框
List1	ColumnCount	2

（4）打开代码编辑窗口，添加组合框 Combo1 的 InteractiveChange 事件代码：

```
Local x
x=ALLTRIM(this.value)
Thisform.list1.rowsourcetype=3
Thisform.list1.rowsource='SELECT teano, teaname FROM department；
INNER JOIN teacher ON department.depcode = teacher.depcode；
WHERE department.depname = x INTO CURSOR temp'
```

7.3.10　表格

表格控件（Grid）是将数据以表格形式显示出来的一种容器，用于浏览或编辑多行多列数据。表格包含列控件(Column),而列控件又由标头(Header)和显示数据的控件(默认为文本框)组成。表格、列、标头和显示数据的控件均有自己的属性、事件和方法,提供对表格单元的控制。

　　表格控件的常用属性有:RecordSource、RecordSourceType、ColumnCount、DeleteMark、ReadOnly 和 ScrollBars 等属性。

　　RecordSource 属性:用于设置表格控件中值的来源,可以是表或视图、查询、SQL-SELECT 语句执行结果等。RecordSource 属性取值类型由 RecordSourceType 属性确定。

　　RecordSourceType 属性:用来设置表格控件中值的来源类型。RecordSourceType 属性的取值及其含义如表 7.20 所示。

表 7.20　RecordSourceType 属性的取值及其含义

属性值	描述
0	表。自动打开 Recordsource 属性设置中指定的表
1	别名(默认值)。数据来源是已打开的表,由 Recordsource 属性指定表的别名
2	提示。由用户根据提示选择表格数据源
3	查询(.pqr 文件)。将.pqr 文件执行的结果作为表格的数据源
4	SQL 语句。将 SQL-select 语句的执行结果作为表格的数据源,在语句中要求带 INTO TABLE/CURSOR 子句

　　ColumnCount 属性:用于设置表格中列的数目。默认值为-1,指定表格控件将包含足够多的列,以容纳表格数据源中的所有字段。

　　DeleteMark 属性:设置表格是否显示删除标志列。

　　ReadOnly 属性:设置表格中的数据是否只读。

　　ScrollBars 属性:指定表格控件具有的滚动条类型。ScrollBars 属性取值及其含义如表7.21 所示。

表 7.21　ScrollBars 属性的取值及其含义

属性值	描述	属性值	描述
0	无滚动条	2	只有垂直滚动条
1	只有水平滚动条	3(默认值)	既有水平又有垂直滚动条

　　表格列控件(Column)的常用属性有 ControlSource、ReadOnly、BackColor 和 FontName 等属性。

　　标头控件(Header)的一些属性与标签控件相同,其显示的文本由 Caption 属性确定,对齐方式由 Alignment 属性来确定。

[例 7.12]　创建一个表单,用于查询选修某门课程的学生成绩信息,如图 7.43 所示。

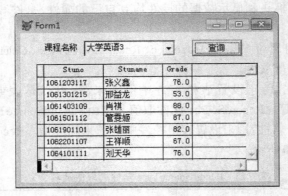

图 7.43　表格示例

例 7.12 实现过程如下:

(1) 打开表单设计器,在表单上添加一个标签控件 Label1、一个组合框控件 Combo1、一个命令按钮控件 Command1 和一个表格控件 Grid1。

(2) 在属性窗口设置各控件的相应属性,如表 7.22 所示。

表 7.22　控件对象属性设置

对象	属性	值
Label1	Caption	课程名称
Combo1	RowSourceType	3-SQL 语句
	RowSource	select course.cname from course into cursor tm
Command1	Caption	查询
Grid1	DeleteMark	.F.
	ReadOnly	.T.

(3) 双击"查询"命令按钮,添加 Command1 的 Click 事件代码:

```
Local x
x=alltrim(thisform.combo1.value)
SELECT student.stuno, student.stuname, sscore.grade;
FROM student INNER JOIN sscore INNER JOIN course;
ON course.ccode=sscore.ccode ON student.stuno = sscore.stuno;
WHERE alltrim(course.cname) = x;
ORDER BY student.stuno INTO CURSOR temp
```

```
            Thisform.grid1.columncount= - 1
            Thisform.grid1.recordsourcetype=1
            Thisform.grid1.recordsource='temp'
    Thisform.refresh
```

7.3.11 计时器

计时器控件(Timer)是用于处理在一定时间间隔内反复执行某种事件的控件。将需要重复执行的代码写入计时器的 Timer 事件过程中,计时器会根据其 Interval 属性中设置的时间间隔自动触发 Timer 事件,从而定时执行其中的代码,完成实际应用的任务。计时器控件在运行时是不可见的。

计时器的常用属性如下:

Interval 属性:指定 Timer 事件的触发时间间隔,单位为毫秒,默认值为 0,此时计时器不起作用。例如,把计时器的 Interval 属性设置为 1000,则表示每隔 1 秒触发一次计时器。

Enabled 属性:用于启动或停止计时器。当 Enabled 属性为.T.,启动计时器,开始计时;值为.F.,计时器失效,停止计时。默认值为.T.,则在表单加载时就生效,开始计时。

计时器的常用事件是 Timer 事件,即每间隔 Interval 属性设定的时间自动发生的事件。

计时器的常用方法是 Reset 方法,即重置计时器控件,重新从 0 开始计时。

[例 7.13] 创建一个表单,用于时钟显示,如图 7.44 所示。

图 7.44 计时器示例

例 7.13 实现过程如下:

(1) 打开表单设计器,在表单上添加一个标签控件 Label1、一个计时器控件 Timer1、两个命令按钮控件 Command1 和 Command2。

(2) 在属性窗口设置表单和各控件的相应属性,如表 7.23 所示。

表 7.23   表单及控件对象属性设置

对象	属性	值
Form1	Caption	时钟显示
Timer1	Interval	1000
	Enabled	.F.
Command1	Caption	启动
Command2	Caption	停止
	Enabled	.F.

（3）打开代码编辑窗口，编写计时器 Timer1 对象的 Timer 事件代码：

    Thisform.label1.caption=TIME()   && 调用系统时间

（4）单击"启动"命令按钮，添加 Command1 的 Click 事件代码：

    Thisform.timer1.enabled=.T.   && 计时器启用

    This.enabled=.F.

    Thisform.command2.enabled=.T.

（5）单击"停止"命令按钮，添加 Command2 的 Click 事件代码：

    Thisform.timer1.enabled=.F.

    This.enabled=.F.

    Thisform.command1.enabled=.T.

7.3.12 页框

    页框控件（Pageframe）是包含多个页面控件（Page）的一种容器控件，用来扩展表单的区域以及对表单上的控件按功能进行分类。

    页框控件的常用属性如下：

    PageCount 属性：指定页框中包含的页面数目，默认值为 2。

    ActivePage 属性：指定页框中活动页面的序号。默认值为 1，即第一个页面为活动页面。

    Tabs 属性：指定页面的"选项卡"是否可见，默认值为.T.。

    TabStyle 属性：指定页框的选项卡是否为两端显示。

    与其他容器型控件一样，在页框上单击鼠标右键，在弹出的快捷菜单中选择"编辑"，可以编辑页框上的页面，设置页面的属性和向页面添加控件等操作。

    页面控件（Page）也是一个容器控件。页面的常用属性有 Caption 属性，即指定页面标签上显示的文本内容。

    [例 7.14]   创建一个表单，用于浏览各学院以及学生和教师信息，如图 7.45 所示。

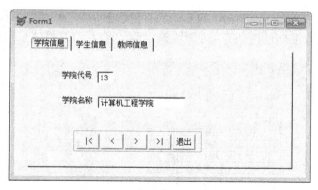

图 7.45　页框示例

例 7.14 实现过程如下：

（1）打开表单设计器，在表单上添加一个页框控件 Pageframe1。

（2）将数据库 stum 中的学院表、学生表和教师表分别添加到表单的数据环境中，并建立学院表和学生表、学院表和教师表之间的关联关系。

（3）在页框编辑状态下，从数据环境中将学院表中的两个字段分别拖动到第一个页面 Page1 上，并在第一个页面 Page1 的底部添加一个命令按钮组 CommandGroup1。

（4）将数据环境中的学生表和教师表分别拖动到第二个页面和第三个页面上，以表格形式显示数据。

（5）在属性窗口设置控件的相应属性，如表 7.24 所示。

表 7.24　控件对象属性设置

对象	属性	值
PageFrame1	PageCount	3
	TabStyle	1
Page1	Caption	学院信息
Page2	Caption	学生信息
Page3	Caption	教师信息
Commandgroup1	ButtonCount	5
Command1	Caption	|<
Command2	Caption	<
Command3	Caption	>
Command4	Caption	>|
Command5	Caption	退出

（6）命令按钮组 CommandGroup1 的 Click 事件代码同例 7.9，在此不再介绍。

（7）运行表单后，根据学院信息，可浏览该学院的学生和教师信息，如图 7.46 所示。

图 7.46 浏览学生信息

本例中学院表和学生表、学院表和教师表之间已建立了关联关系，因此当第一个页面上显示某个学院信息时，则第二个页面和第三个页面将分别显示该学院的学生信息和教师信息。

7.3.13 线条、形状与图像

线条、形状和图像一般用于修饰表单，使表单界面更加美观。

1. 线条

线条控件（Line）用于创建一条水平线、竖直线或对角线，主要起到装饰的作用。

线条控件的常用属性如下：

BorderStyle 属性：指定线条的线型，一般指实线、虚线、点线、点划线等 7 种类型。

BorderWidth 属性：指定线条的线宽，即粗细。

LineSlant 属性：指定线条倾斜方向，使从左上到右下还是从左下到右上。默认值为"\"，表示从左上到右下倾斜；值为"/"，表示从左下到右上倾斜。

2. 形状

形状控件（Shape）用于创建多种形状图形，如圆、椭圆、矩形等。

形状控件的常用属性如下：

Curvature 属性：形状的曲率（即弯曲程度），范围为 0~99。默认值为 0，表示无曲率，用来创建矩形或正方形；1~98 指定圆角，数字越大，曲率就越大；值为 99，表示最大曲率，用来创建圆或椭圆。

FillStyle 属性：指定填充形状的图案。

FillColor 属性：指定填充形状的颜色。

3. 图像

图像控件(Image)用于显示图像,一般图像来自于图片文件。

图像控件的常用属性如下:

Picture 属性:指定在图像控件中显示位图文件、图标文件或通用型字段。

Stretch 属性:指定图像的填充方式。默认值为 0,将图像控件调整到正好能容纳图像的尺寸大小;属性值为 1,保留图像的原有比例最大限度填充控件;值为 2,将图像调整到正好与图像控件的大小相匹配。

7.3.14　微调控件

微调控件(Spinner)用于接收给定范围内的数值输入。

微调控件的常用属性如下:

Increment 属性:指定单击向上或向下按钮时,微调框增加或减少的值,默认值为 1.00。

KeyboardHightValue/KeyboardLowValue 属性:指定使用键盘可在微调框控件中允许输入的最大值或最小值。

SpinnerHighValue/SpinnerLowValue 属性:指定通过单击向上或向下箭头按钮,微调框控件可达到的最大值或最小值。

Value 属性:指定微调控件中当前的值。

微调控件的常用事件是 InteractiveChange,即当微调控件的值发生变化时触发的事件。

[例 7.15]　创建一个表单,用于设置形状的背景色,如图 7.47 所示。

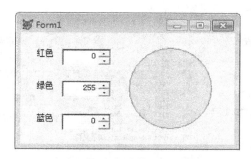

图 7.47　微调控件示例

例 7.15 实现过程如下:

(1) 打开表单设计器,在表单上添加三个标签控件(Label1、Label2、Label3)、三个微调控件(Spinner1、Spinner2、Spinner3)和一个形状控件 Shape1。

(2) 在属性窗口设置三个标签的 Caption 属性分别为红色、绿色和蓝色;三个微调控件的 SpinnerHighValue 属性值分别设为 255,SpinnerLowValue 属性值分别设为 0;形状控件

Shape1 的 Curvature 属性为 99，Height 和 Width 属性都设为 120。

（3）在代码编辑窗口，分别添加三个微调控件 Spinner1、Spinner2 和 Spinner3 对象的 InteractiveChange 事件代码：

> Thisform.shape1.backcolor=RGB（thisform.spinner1.value，；
>
> thisform.spinner2.value，thisform.spinner3.value）

7.3.15　容器

容器控件（Container）是专门用于包含其他控件的，即可以将其包含的多个控件作为一个整体来处理。当容器控件处于编辑状态下，可以向容器中添加或编辑各种控件。其常用的属性是一些有关外观的属性，如 Backcolor、BackStyle、Picture 以及 Visible 等属性。

7.3.16　ActiveX 控件和 ActiveX 绑定控件

ActiveX 控件是由软件提供商开发的可重用的软件组件，能够加强同一个应用程序的交互能力。该控件像其他控件一样，可以将其添加到表单上，以扩展表单的功能。在 VFP 中 ActiveX 控件分为 ActiveX 控件（OleControl）和 ActiveX 绑定控件（OleBoundControl）。

ActiveX 控件（OleControl）的功能是向应用程序中添加 OLE 对象，通过该控件在用户的应用程序中使用其他的 Windows 应用程序，如 Excel、Word 等。

操作方法是：单击表单控件工具栏上的 ActiveX 控件，拖放到表单上，则弹出如图 7.48 所示的"插入对象"对话框。插入对象的方式有三种："新建"、"由文件创建"和"创建控件"。选择不同的插入方式，可插入的对象就有所不同。

图 7.48　"插入对象"对话框

ActiveX 绑定控件（OleBoundControl）与 ActiveX 控件（OleControl）一样，也用于向应用程序中添加 OLE 对象。与后者不同的是，ActiveX 绑定控件可以绑定在数据表的一个通用型字段上，是通过设置 ControlSource 属性来实现的。

习　题

一、选择题

1. 在 Visual FoxPro 中,下面关于属性、事件和方法叙述错误的是_____。

　A. 属性用于描述对象的状态

　B. 方法用于表示对象的行为

　C. 基于同一个类产生的两个对象不能分别设置自己的属性值

　D. 事件代码也可以像方法一样被调用

2. 打开已经存在的表单文件的命令是_____。

　A. MODIFY FORM　　　　　　　　　B. EDIT FORM

　C. READ FORM　　　　　　　　　　D. OPEN FORM

3. 释放和关闭表单的方法是_____。

　A. Delete　　　　　B. Destroy　　　　　C. Lostfocus　　　　　D. Release

4. 在命令按钮组中,决定命令按钮数目的属性是_____。

　A. ButtonCount　　　B. ButtonNum　　　C. Value　　　　　D. ControlSource

5. 假设表单上有一选项按钮组:男和女,如果选择第二个按钮"女",则该选项组 value 属性的值为_____。

　A. .F.　　　　　　B. 女或 2　　　　　C. 女　　　　　　D. 2

6. 假定一个表单里有一个文本框 Text1 和一个命令按钮组 CommandGroup1。命令按钮组是一个容器对象,其中包括 Command1 和 Command2 两个命令按钮。如果要在 Command1 命令按钮的 Click 事件代码中访问文本框的 Value 属性值,不正确的表达式是_____。

　A. Thisform.text1.value

　B. Thisform.commandgroup1.parent.text1.value

　C. This.parent.parent.text1.value

　D. This.thisform.text1.value

7. 在 Visual FoxPro 中,如果将文本框控件内用户输入的内容以"*"号代替显示,则需要设置该文本框的_____属性。

　A. value　　　　B. passwordchar　　　C. password　　　D. passvalue

8. 在设计界面时,为提供多选功能,通常使用的控件是_____。

　A. 编辑框　　　　B. 命令按钮组　　　C. 一组复选框　　　D. 选项按钮组

9. 假设在表单设计器环境下,表单中有一个文本框且已经被选定为当前对象。现在从属性窗口中选择 value 属性,然后在设置框中输入:={^2001-8-20}。请问以上操作后,文本框

value 属性值的数据类型为_____。

    A. 日期型   B. 字符型   C. 数值型   D. 逻辑型

  10. 假设某个表单中有一个复选框（Checkbox1）和一个命令按钮（Command1），如果要在命令按钮的 Click 事件代码中取得复选框的值，以判断该复选框是否被用户选择，正确的表达式是_____。

    A. Thisform.Checkbox1.selected   B. This.Checkbox1.selected

    C. Thisform.Checkbox1.value   D. This.Checkbox1.value

  11. 表格控件的数据源可以是_____。

    A. 表   B. SQL Select 语句

    C. 视图   D. 其他三种都可以

  12. 页框控件也称作选项卡控件，在一个页框中可以有多个页面，表示页面个数的属性是_____。

    A. Page   B. Count   C. Pagecount   D. Num

二、填空题

  1. 如果要让表单第一次显示时自动位于主窗口中央，则应该将表单的_____属性值设置为.T.。

  2. 引用当前表单采用_____关键字。

  3. 某表单 Form1 上有一个命令按钮组 Commandgroup1，命令按钮组中有两个命令按钮：Command1，Command2。要求按下 Command2 时，将命令按钮 Command1 的 Enabled 属性设置为.F.，则在命令按钮 Command2 的 Click 事件中应加入一条语句：

    Thisform.Commandgroup1.Command1._____=.F.

  4. 选项按钮组的 Value 属性表明用户选定了哪个按钮。假定现有一个选项按钮组有六个选项按钮，如果用户选择了第四个按钮，则选项按钮组的 Value 属性值为_____。

  5. Name 属性是指在代码中引用对象时所用的_____。

  6. 在组合框控件中，通过改变_____属性的值可以将组合框设置为下拉列表框或下拉组合框。

  7. 在计时器控件中，设置时间间隔的属性为_____。

  8. 在形状控件中，当 Curvature 属性值为 99 且 Height 和 Width 相同的情况下，图形的形状为_____。

  9. 在图像控件中显示图像文件应设置_____属性。

  10. 设某表单上有一个页框控件，该页框控件的 PageCount 属性值在表单的运行过程中可变（即页数会变化）。如果要求在表单刷新时总是指定页框的最后一个页为活动页，则可以在页框控件的 Refresh 事件代码使用语句：

    This._____=This.PageCount

三、设计题

1. 设计一个表单 forma，如图 7.49 所示。表格上按学号升序显示学生选课及考试成绩（包括字段：学号、姓名、课程名称和成绩），单击“退出”按钮自动关闭并释放表单。

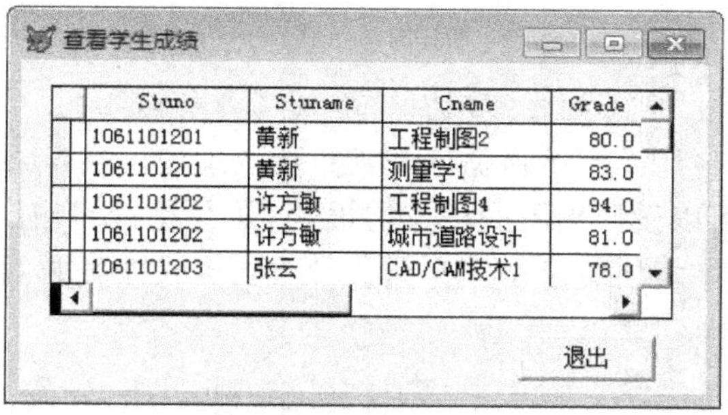

查看学生成绩
Stuno
Stuname
Cname
Grade
1061101201
黄新
工程制图2
80.0
1061101201
黄新
测量学1
83.0
1061101202
许方敏
工程制图4
94.0
1061101202
许方敏
城市道路设计
81.0
1061101203
张云
CAD/CAM技术1
78.0
退出

图 7.49　运行界面

2. 设计一个表单 formb，如图 7.50 所示。在“课程名称”下拉列表框中任选一门课程，则在文本框中显示该门课程的平均成绩。

查看各科平均成绩
课程名称
平均成绩
CAD/CAM技术1
Master CAM基础设计
材料科学基础
材料成型技术基础
工程制图5
工程制图及CAD4
工程制图
电工电子技术
73.56

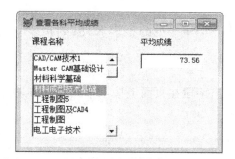

图 7.50　运行界面

第 8 章　报　　表

数据输出在数据库应用系统中占据着非常重要的地位。在 Visual FoxPro 中利用报表向导和报表设计器功能,可以设计出不同格式的报表,并通过打印输出数据库数据信息,满足用户不同的打印需求。本章将结合实例介绍各种不同样式报表的创建和使用。

8.1　报表概述

在 Visual FoxPro 中,报表是由两部分组成:数据源和布局。数据源即报表中数据的来源,通常为数据库表、自由表、视图、查询和临时表等;布局是指定义报表的打印格式,即显示数据的位置和格式。

Visual FoxPro 系统提供了 4 种常见的报表布局:列报表、行报表、一对多报表和多栏报表。

1. 列报表

数据表中每条记录的输出字段在页面上按水平方向分布,类似于数据表浏览方式,如图 8.1 所示。

学生表					05/27/15
学号	姓名	性别	学院代号	籍贯	出生日期
3062106208	毯晓玲	女	21	江苏徐州	07/26/88
3062106207	李娜	女	21	江苏常州	12/29/87
3062106206	陈静	女	21	江苏南通	12/08/87
3062106205	顾乃菲	男	21	江苏常州	03/08/89
3062106204	杨艳	女	21	江苏泰州	11/19/88
3062106203	陈啸	男	21	江苏镇江	01/06/89
3062106202	邱亚俊	男	21	江苏南京	07/02/88

图 8.1　列报表布局

2. 行报表

数据表中每条记录的输出字段在页面上按垂直方向分布,数据在字段名右侧显示,类似于数据表编辑方式,如图 8.2 所示。

学生成绩信息　　　　　　　　　05/27/15

> 学号: 3062106208
> 姓名: 嵇晓玲
> 性别: 女
> 学院代号: 21

学号	课程代号	成绩
3062106208	1811460	79.0
3062106208	1213870	93.0

> 学号: 3062106207
> 姓名: 李娜
> 性别: 女
> 学院代号: 21

学号	课程代号	成绩
3062106207	1615210	53.0
3062106207	1213380	82.0

学生表　　　　　　　　　　　　05/27/15

> 学号: 3062106208
> 姓名: 嵇晓玲
> 性别: 女
> 籍贯: 江苏徐州

> 学号: 3062106207
> 姓名: 李娜
> 性别: 女
> 籍贯: 江苏常州

图 8.2　行报表布局　　　　　　**图 8.3　一对多报表布局**

3. 一对多报表

针对具有一对多关系的两个数据源中的数据打印,每打印一条父表记录,便会接着打印所有相关的子表记录,如图 8.3 所示。

4. 多栏报表

每条记录的输出字段在同一页面上分多栏,按垂直方向分布,如图 8.4 所示。

学生表　　　　　　　　　　　　　　　　　　　　　　　　　05/27/15

学号: 3062106208	学号: 3062106108	学号: 3062102110
姓名: 嵇晓玲	姓名: 于小兰	姓名: 徐晏
性别: 女	性别: 女	性别: 男
籍贯: 江苏徐州	籍贯: 江苏苏州	籍贯: 江苏徐州
学号: 3062106207	学号: 3062106107	学号: 3062102109
姓名: 李娜	姓名: 孙潇楠	姓名: 胡婷
性别: 女	性别: 女	性别: 女
籍贯: 江苏常州	籍贯: 上海	籍贯: 江苏扬州

图 8.4　多栏报表布局

当报表创建后,系统会自动生成两个文件:一个是扩展名为.frx 的报表文件,用于存储报表的定义;另一个是扩展名为.frt 的报表备注文件。

需要说明的是报表文件并不存储报表中需要的数据源。每次运行报表时,都将根据报表的设计从数据源中获取报表数据以输出报表。因此,当报表数据源的数据变更时,报表将显示最新的数据。

8.2　报表设计

报表设计就是定义报表的数据源和报表布局。设计报表有三种方法：一是利用报表向导创建简单的报表或一对多报表；二是利用报表设计器的快速报表功能创建单个数据表的报表；三是利用报表设计器创建和修改报表。

8.2.1　利用报表向导设计报表

与使用表单向导创建表单相似，可以利用"报表向导"创建基于单表的报表，利用"一对多报表向导"创建基于一对多两张表的报表。

下面通过实例说明利用报表向导创建报表的方法。

1. 报表向导

在 VFP 主菜单中，执行"文件"中的"新建"命令，在打开的"新建"对话框中选择"报表"选项或在项目管理器上选择"文档"选项卡中的"报表"项，再单击"新建"按钮，在弹出的对话框中选择"报表向导"后，按照系统一步一步指导自动完成报表设计。

[例 8.1]　利用"报表向导"为 student 表创建名为 student_report 的报表文件。

操作步骤如下：

（1）选择"文件"菜单中的"新建"命令，打开"新建"对话框，在该对话框中选中"报表"单选按钮，然后单击"向导"按钮。

（2）在如图 8.5 所示的"向导选取"对话框中选择"报表向导"，单击"确定"按钮。

图 8.5　"向导选取"对话框

（3）在打开的"报表向导：步骤 1-字段选取"对话框中选择一个数据表或者一个视图，作为报表的数据源。本例选择教学管理数据库 stum.dbc 中的"学生表"，将"可用字段"列表框中的"stuno"、"stuname"、"gender"、"depcode"、"birthplace"和"birthdate"字段添加到"选定字

段"列表框中,如图 8.6 所示。

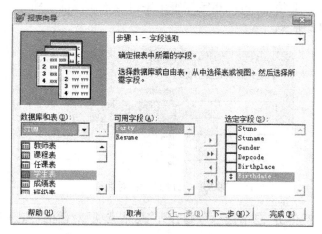

图 8.6 "报表向导:步骤 1-字段选取"对话框

说明:如果当前已有数据库打开,则先从"数据库和表"组合框选择数据库,然后从列表框中选择数据库中的数据库表或视图;否则通过单击"数据库和表"右侧的按钮选择数据表。

(4) 字段选取后,单击"下一步"按钮,进入"报表向导:步骤 2-分组记录"对话框,确定记录的分组方式。如图 8.7 所示选择"birthplace"为分组依据,即按"籍贯"分为多个组。

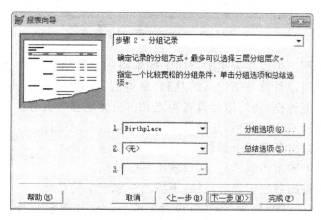

图 8.7 "报表向导:步骤 2-分组记录"对话框

说明:所谓分组就是按某个字段的值进行分组,该字段值相同的记录为一组,打印时,同组记录将连续打印在一起。一般最多可以设置 3 个字段作为分组依据。

① 若选择了分组依据，系统默认使用这个字段的值作为分组依据。单击"分组选项"按钮，将打开"分组间隔"对话框，可以指定按整个字段或该字段前 1 到 5 个字符组成的子串作为分组依据，如图 8.8 所示。

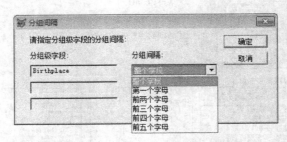

图 8.8 "分组间隔"对话框

② 在图 8.7 中，若单击"总结选项"，则打开"总结选项"对话框，如图 8.9 所示。

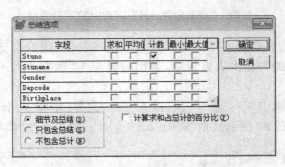

图 8.9 "总结选项"对话框

在该对话框中，用户可以在分组的后面附加本组的总结信息，如统计各组记录的个数，若是数值型数据，还可以计算各组记录的总和、平均值、最大值、最小值。如果选择"计算求和占总计的百分比"复选框，还可以计算各组之和占全体之和的百分比。

默认情况下，在所有组的最后，还将输出全部记录的汇总统计。

◆ 细节及总结：输出各组记录和总结，系统默认状态。

◆ 只包含总结：不输出各组的记录，只输出各组总结。

◆ 不包含总计：输出各组记录和总结，不输出全部记录的总计。

在本例中设置"stuno"字段为"计数"，设置完成后，单击"确定"按钮，返回到报表向导步骤 2，即图 8.7 所示的界面。

（5）单击"下一步"按钮，则打开"报表向导：步骤 3-选择报表样式"对话框，如图 8.10 所示。

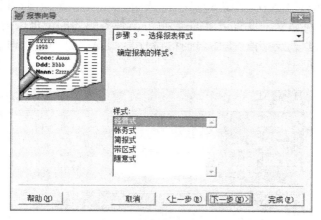

图 8.10 "报表向导:步骤 3-选择报表样式"对话框

该对话框中提供了 5 种报表样式,可以根据需要选择其中一种,则在对话框的左上角以图形方式可以查看所选择的样式。

(6) 在本例中选择默认"经营式",然后单击"下一步"按钮。在打开的"报表向导:步骤 4-定义报表布局"对话框中设置报表的布局,如图 8.11 所示。

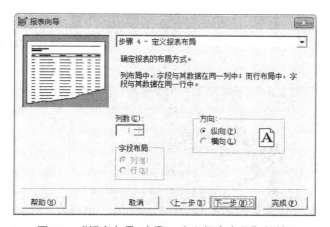

图 8.11 "报表向导:步骤 4-定义报表布局"对话框

该对话框提供了列布局和行布局,列布局是字段与其数据在同一列中,即一条记录在同一行;行布局是字段与数据在同一行,一条记录占若干行。除了报表布局外,还可以定义打印纸的方向。

◆ 列数是指打印的栏数,如果设置了分组,则"列数"和"字段布局"不可用。

◆ 方向是指设置打印纸的方向,有纵向和横向两种方式。

（7）在本例中选择默认方式（图 8.11），然后单击"下一步"按钮，打开"报表：步骤 5-排序记录"对话框。在该对话框中设置记录的排列顺序，使各组内的记录按指定的顺序排列。如将"stuno"字段添加到"选定字段"框中，选择"降序"，则报表打印输出时各组内按"学号"降序排列，如图 8.12 所示。

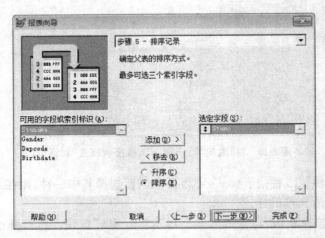

图 8.12 "报表向导：步骤 5-排序记录"对话框

（8）单击"下一步"按钮，弹出如图 8.13 所示的"报表：步骤 6-完成"对话框。在该对话框中的"报表标题"文本框中输入报表的标题"学生基本信息表"，并根据需要在 3 个单选项中选择其中一个选项。

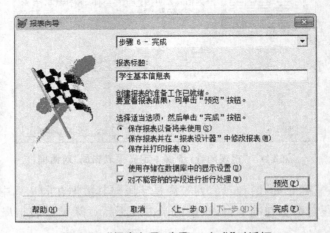

图 8.13 "报表向导：步骤 6-完成"对话框

（9）如果要预览报表，则单击"预览"按钮，可以浏览报表的输出结果，如图 8.14 所示。

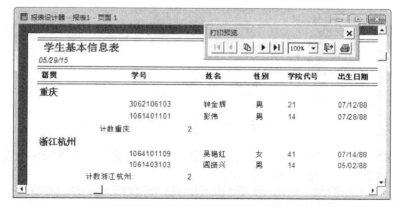

图 8.14 报表预览结果

(10) 在图 8.13 中单击"完成"按钮,在打开的"另存为"对话框中输入报表文件名"student_report.frx",报表文件创建完成。

说明:在设计过程中,利用对话框中的"上一步"按钮,可以返回到前一步,对不满意的设置进行重新修改。

2. 一对多报表向导

利用报表向导创建报表时,在"向导选取"对话框中选择"一对多报表向导",就可以创建一个基于两个相关表(或视图)的报表。这两个数据表(或视图)存在一对多关系(例如学生表和成绩表),其中学生表为父表,成绩表为子表。一对多报表创建过程与前面的类似,区别在于要从相关的父表和子表(或视图)中选取指定的字段并设置它们之间的关系。

[例 8.2] 利用"一对多报表向导"建立一个以 student 表和 sscroe 表为基础的学生成绩报表。

操作步骤如下:

(1) 根据向导提示首先选择 student 表为父表,添加 stuno、stuname、gender 和 depcode 字段为输出字段。

(2) 再选择 sscroe 表为子表,添加 stuno、ccode 和 grade 字段为输出字段。

(3) 根据向导提示以 stuno 字段建立 student 表和 sscroe 表之间的连接关系。

(4) 设置以"stuno"升序排序,其他设置为系统默认。

(5) 报表标题为:学生成绩报表。

(6) 保存并预览"学生成绩报表",报表输出结果如图 8.15 所示。

图 8.15　一对多报表向导创建的"学生成绩报表"

在一对多报表中,父表记录显示在报表的上半部,以行报表方式显示;子表中一组相关记录显示在该记录的下半部,以列报表方式显示。

8.2.2　利用快速报表创建报表

使用快速报表功能创建报表时,首先必须打开报表设计器。

[例 8.3]　利用快速报表创建"学生基本信息报表"。

操作步骤如下:

(1) 在"新建"对话框中单击"新建报表",打开报表设计器。

(2) 选择"报表"菜单中的"快速报表",如果当前工作区中未打开数据表,则出现"打开"对话框,选择一张数据表,如 student 表,然后单击"确定",则自动弹出"快速报表"对话框如图 8.16 所示。

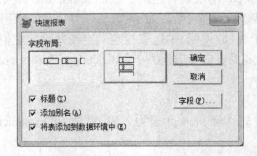

图 8.16　"快速报表"对话框

其中,字段布局的两个按钮分别表示创建列报表或行报表,用户可以根据需要选择,本例选择默认方式,即列报表。

(3) 单击"字段"按钮,打开"字段选择器"对话框,将需要在报表中打印的字段从"所有字段"列表框移到"选定字段"框中,如将 student 表的相应字段添加到选定字段框中,如图 8.17 所示。

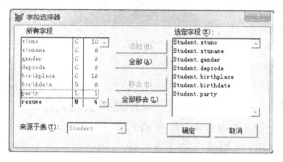

图 8.17　"字段选择器"对话框

（4）设置完成，单击"确定"按钮，返回到"快速报表"对话框，再单击"确定"按钮，则前面的选项就出现在"报表设计器"的布局中，如图 8.18 所示。

图 8.18　报表设计器布局

（5）预览并保存"学生基本信息报表"，其预览结果如图 8.19 所示。

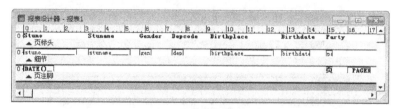

图 8.19　预览的快速报表

8.2.3　利用报表设计器创建报表

用"报表向导"和"快速报表"生成的报表样式简单，往往不能满足实际需要。Visual FoxPro 提供的报表设计器可以直观灵活地创建多样的、更复杂的报表，也可以修改已有的报表。学会使用报表设计器，才能真正制作出符合实际需求的报表。

打开报表设计器有以下几种方法：

（1）单击"文件"菜单或工具栏上的"新建"按钮，在弹出的"新建"对话框中选择"报表"单选按钮，然后单击"新建文件"按钮。

（2）在项目管理器的"文档"选项卡中选择"报表"，单击"新建"按钮，在弹出的"新建报表"对话框中选择"新建报表"。

（3）在命令窗口中执行命令，命令格式如下：

    CREATE REPORT <报表文件名>|?

如果报表已存在，则单击"文件"菜单或工具栏上的"打开"按钮，在弹出的"打开"对话框中选择文件类型为"报表"，然后在指定的目录中选择报表文件。

或使用命令方式打开报表设计器，命令格式如下：

    MODIFY REPORT <报表文件名>

1. 报表设计器窗口

当报表设计器被打开后，用户可以利用"报表"菜单、"报表设计器"工具栏和"报表控件"工具栏等进行报表的设计或修改，如图 8.20 所示打开一个空报表。

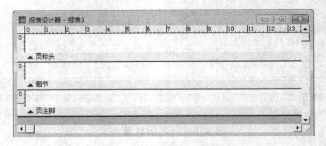

图 8.20　"报表设计器"窗口

（1）"报表"菜单

报表菜单中的命令主要用于添加"标题/总结"、"数据分组"、制作"快速报表"以及运行"报表"等命令，如图 8.21 所示。

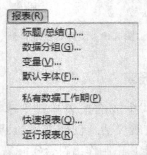

图 8.21　"报表设计器"工具栏

（2）"报表设计器"工具栏

该工具栏从左至右按钮分别为数据分组、数据环境、报表控件工具栏、调色板工具拦、布

局工具栏按钮,如图 8.22 所示。

图 8.22   "报表设计器"工具栏

(3)"报表控件"工具栏

该工具栏从左至右按钮为:选定对象、标签、域控件、线条、矩形、圆角矩形、图片/Activex 绑定控件、按钮锁定,如图 8.23 所示。

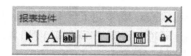

图 8.23   "报表控件"工具栏

2. 报表带区

在 VFP 中,报表设计器被分割成多个横条区域。每个横条区域被称为带区,每一带区的底部都有一个分隔栏指示其带区名称。

报表上有各种不同类型的带区。这些报表的带区可以包含文本、来自数据表中的数据、计算值、用户自定义函数以及图片、线条等。带区的类型决定了报表上的数据将打印在报表中什么位置以及打印周期。

默认情况下,报表设计器中显示三个带区:页标头、细节区、页注脚。

(1)页标头区

在页标头带区中的数据将会显示在每一页报表的开头处,而且包含的信息在每一页中只出现一次,一般用于打印报表标题、报表的列标题、当前日期等。

(2)细节带区

这是报表的主体。当报表输出时,报表设计器会根据细节带区中的设置,显示数据表中的全部记录。

(3)页注脚区

在页注脚带区中的数据将会显示在每一页报表的最低端,而且每页只显示一次。可以在该区打印页码、节或者小计等。

除此之外,报表还有 6 个可选带区,如表 8.1 所示。在实际应用中,往往根据需要添加这些带区。

表 8.1　可选的报表带区

带区名称	带区产生与删除	打印周期	打印位置
标题	"报表"菜单→"标题/总结"	每个报表一次	报表的开头或独占一页
列标头	"文件"菜单→"页面设置"设置列数	每列一次	页标头后
组标头	"报表"菜单→"数据分组"	每组一次	细节区前
组注脚	"报表"菜单→"数据分组"	每组一次	细节区后
列注脚	"文件"菜单→"页面设置"设置列数	每列一次	页脚注前
总结	"报表"菜单→"标题/总结"	每个报表一次	组脚注后,可占一页

3. 报表数据源

报表数据源的设置是在报表数据环境中进行。单击"报表设计器"工具栏中的"数据环境"按钮或选择"显示"菜单"数据环境"命令,即可打开数据环境设计器。报表数据环境的作用、操作方法等与表单的数据环境完全相同。

(1) 向数据环境添加数据源

如果报表的数据源是数据表或视图,在数据环境中右击鼠标,在弹出的快捷菜单中选择"添加表或视图"命令,将表或视图添加到报表数据环境中,如图 8.24 所示。

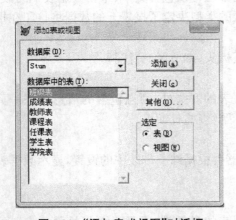

图 8.24　"添加表或视图"对话框

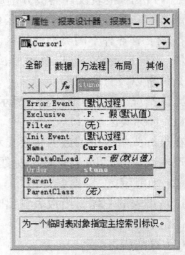

图 8.25　报表属性窗口

(2) 指定报表输出顺序

若要指定报表的输出顺序,可以通过对数据源属性的设置来完成,其操作步骤如下:

在数据环境窗口中右击数据源表,在快捷菜单中选择"属性",打开属性窗口,在属性窗口设置该数据源的 order 属性,如图 8.25 所示。

注意：设置报表的输出顺序是指按数据表的指定索引为主控索引，因此若要设置，该数据表必须已创建了指定的索引。

4．报表控件的使用

在报表的带区中可以插入各种控件，包括标签、域控件、线条、矩形、圆角矩形和图片/ActiveX 绑定控件。可以使用"报表控件"工具栏向报表中添加这些控件，操作方法与向表单添加控件的方法略有不同，主要体现在标签控件、域控件的添加操作。

（1）标签控件

在"报表控件"工具栏中单击"标签"控件按钮，在报表中合适的地方单击，当出现插入点光标时输入标签内容，然后单击其他控件按钮或单击其他区域即可完成标签的创建。

（2）域控件

域控件也称为字段控件，用于在报表上显示一个字段、内存变量或其他表达式的内容。在设计报表时，可以采用以下方法创建域控件。

在设计报表时，将数据环境中数据源表或视图的某个字段直接拖放至报表中，即可自动创建一个用于显示该字段值的字段控件。

也可以在"报表控件"工具栏中单击"域控件"按钮，在报表中合适的地方拖放鼠标画出控件，在弹出的"报表表达式"对话框中定义字段控件的内容，如图 8.26 所示。

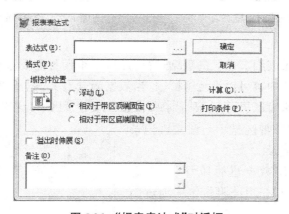

图 8.26　"报表表达式"对话框

该对话框中各选项的说明如下：

◆ 表达式：指定字段控件要显示的内容，可以是字段、常量、变量、函数等表达式。例如，若要在报表中打印当前日期，可设置表达式为：DATE()，若要插入页码，则设置表达式为：_PageNo（系统变量）。

◆ 格式：指定"表达式"值的显示格式。

◆ 计算：用于对"表达式"进行指定方式的计算。单击"计算"按钮，弹出如图 8.27 所示的对话框,进行相应的设置。通常这种字段控件放置在标题/总结、页标头/页注脚、组标头/组注脚、列标头/列注脚等带区。

◆ 打印条件:用于精确设置何时打印字段控件,单击"打印条件"按钮,在如图 8.28 所示的"打印条件"对话框中进行设置。

◆ 域控件位置:用于指定域控件在报表中的位置。

◆ 溢出时伸展:使字段伸展到报表页面的底部,显示字段或表达式中的所有数据。

图 8.27 "计算字段"对话框

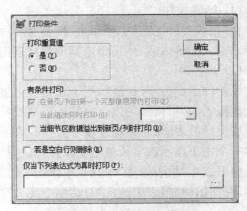

图 8.28 "打印条件"对话框

5. 数据分组

数据分组是指对报表细节带区的数据进行分组,分组设置需要添加组标头带区和组注脚带区。组标头带区的内容可以设置组标题,当数据源具有父表、子表的一对多关系时,父表记录应设置在组标头带区里,而子表记录要设置在细节带区中,这样在组标头带区每显示一条父表记录,就在细节带区显示与该父表记录相关的子表中的若干记录。

如果还需要对各组数据进行统计,如求总和、平均值、最小值等,则在组注脚带区中通过添加域控件来完成。

在报表中设置组标头和组注脚带区的方法如下:

在"报表"菜单中单击"数据分组",打开"数据分组"对话框,如图 8.29 所示。在该对话框中设置分组表达式:student.birthplace,以该字段的值作为分组依据。

[例 8.4] 利用报表设计器修改例 8.3 用快速

图 8.29 "数据分组"对话框

报表创建的"学生基本信息报表"。

操作步骤如下：

（1）在项目管理器中选择"学生基本信息报表"，单击"修改"按钮，打开报表设计器。

（2）删除页标头区的全部内容。

（3）只保留报表细节区中的 stuno、stuname、gender 和 birthplace 字段控件，并调整排列方式，如图 8.30 所示，其他控件全部删除。

（4）再单击"报表控件"工具栏上的标签控件，为细节区中的每个字段控件输入字段标题，分别为：学号、姓名、性别和籍贯。

（5）选择"报表"菜单中的"标题/总结"，添加"标题区"，在该区域添加"学生表"文本，设置线条。

（6）在"标题区"再添加一个"域控件"，在打开的"报表表达式"对话框中输入表达式：DATE()。

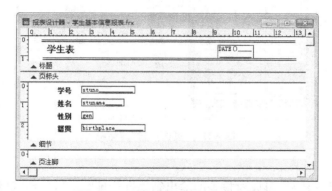

图 8.30　设置完成后的报表设计器

（7）设置完成后，选择"显示"菜单中的"预览"命令，结果如图 8.2 所示。

（8）保存该报表。

说明：本例设计的是行报表，即多行输出一条记录。

8.3　输 出 报 表

设计报表的最终目的是按照一定的格式输出符合要求的数据。而报表文件并未保存要打印的数据，只保存数据源的位置和报表格式的定义信息。当报表打印输出时，系统会根据数据源的定义，从数据表或视图中取出数据，并按照给定的格式打印输出。

报表输出时，首先应该先进行页面设置，通过预览报表调整版面效果，最后再打印输出到纸质上。

1. 页面设置

页面设置定义了报表页面和报表带区的总体外观,例如页边距,纸张类型、多列设置等。在报表设计器下,执行"文件"菜单中"页面设置"命令,在打开的"页面设置"对话框中,可以设置报表的列数(即分栏)、指定打印机、设置纸张的大小和方向等。

例如,在例 8.4 中如果要以三栏打印报表,则需要在"页面设置"对话框中设置列数为 3,如图 8.31 所示,设置后预览结果如图 8.4 所示,即多栏报表。

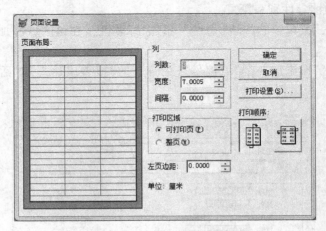

图 8.31 "页面设置"对话框

2. 预览报表

整个报表设计完成后,可以对报表的输出结果进行预览。通过预览报表,不用打印就能查看报表的页面外观,并以此为依据决定是否需要修改报表。

单击"常用"工具栏中的"打印预览"按钮或选择"显示"菜单中的"预览"命令。在预览报表时,系统会自动打开"打印预览"工具栏,如图 8.32 所示,使用该工具栏可逐页预览报表。

图 8.32 "打印预览"工具栏

3. 打印报表

在报表打印时,单击"常用"工具栏的"打印"按钮或选择"报表"菜单中的"运行报表"命令,在弹出的"打印对话框"中选择合适的打印机,设置打印范围,打印份数等相应设置之后就可以打印。

也可以通过命令方式打印或预览报表。语法格式如下：

    REPORT FORM <报表文件名> [Scope] [FOR <条件表达式>] [PRIVIEW]
    [TO PRINTER [PROMPT]]

功能：预览或打印指定的报表。

说明：

◆ Scope：指定报表中要打印的记录范围。

◆ FOR <条件表达式>：指定在报表中打印满足条件的记录。

◆ PRIVIEW：预览报表，而不直接打印。

◆ TO PRINTER [PROMPT]：打印报表。PROMPT 选项用于在打印前先显示设置打印机的对话框，用户可以进行相应的设置。

习 题

一、选择题

1. 报表文件的扩展名是_____。

    A. FRX   B. RPT   C. RPX   D. REP

2. 报表的数据源可以是_____。

    A. 表或查询   B. 表、查询或视图

    C. 表或其他报表   D. 表或视图

3. 报表设计过程中，列标题一般位于报表的_____带区。

    A. 标题区   B. 页标头   C. 页注脚   D. 细节区

4. 为了在报表中打印当前时间，应该在适当区域插入一个_____。

    A. 域控件   B. 表达式

    C. 文本框   D. 标签控件

5. 在 Visual FoxPro 中，在屏幕上预览报表的命令是_____。

    A. DO REPORT ... PREVIEW   B. REPORT FORM ... PREVIEW

    C. RUN PEPORT ... PREVIEW   D. PREVIEW ... PEPORT

6. 报表常规类型有列报表、行报表、一对多报表和多栏报表，下列有关列报表和行报表的叙述中，正确的是_____。

    A. 列报表是指报表中每行打印一条记录；行报表是指每行打印多条记录

    B. 列报表是指报表中每行打印多条记录；行报表是指每行打印一条记录

    C. 列报表是指报表中每行打印一条记录；行报表是指多行打印一条记录

    D. 列报表是指报表中每行打印多条记录；行报表是指多行打印一条记录

7. 当在报表设计器的带区中放置一个域控件时，系统会立刻显示一个_____对话框。

    A. 计算字段   B. 打印条件   C. 报表表达式   D. 报表控件

二、填空题

1. 报表设计器中系统默认有 3 个带区，分别是_____、_____和_____。

2. 建立报表有三种方法，它们是向导、设计器和_____。

3. 打开报表文件的命令是_____。

4. 常见报表布局有_____、_____、_____和_____。

5. 启动报表设计器后，系统自动在系统菜单中增加一个_____菜单。

三、设计题

根据教学管理数据库 stum 中的数据库表，完成如下报表的设计：

1. 设计一个快速报表 department_report，用于打印"学院表"的所有信息。快速报表建立过程均为默认，并给快速报表添加一个标题：学院信息表。

2. 根据学院表（department）和教师表（teacher），利用一对多报表向导创建一个报表 dep_tea_report，用于输出并打印各学院的教师名单信息。

3. 根据教师表（teacher）和职称表（title），利用报表设计器创建一个教师基本情况报表，并按教师职称分组打印。

第9章 菜单设计与应用

一个数据库应用系统由若干程序模块构成，每个程序分别完成某一特定的功能，它们的组合便可实现系统整体目标，将一个系统所有程序的功能组合在一起的就是菜单程序。菜单程序是应用程序的重要组成部分之一，是软件功能的集中体现，它是将应用程序的功能、内容有条理的组织起来，方便用户直观地进行调用。

Visual FoxPro 提供了自定义菜单的功能，本章将介绍在 Visual FoxPro 中各种类型菜单的设计及使用。

9.1 菜单的概述

菜单是应用程序与用户最直接交互的界面，所以菜单也成为用户评价应用程序是否方便、简洁、高效的一个重要因素。菜单以分级排列形式显示系统功能供用户选择。它能为用户提供一个友好的界面，是用户能够直观、方便地进行应用程序的调用。

9.1.1 菜单结构和分类

VFP 支持两种类型菜单：下拉式菜单与快捷菜单。

（1）下拉式菜单

下拉式菜单通常位于应用程序的顶部，由菜单栏、子菜单、菜单项、访问键和快捷键等组成。在大多数应用程序中通常采用下拉式菜单列出几乎所有功能，供用户调用。例如 VFP 系统菜单就是一个典型的下拉式菜单，如图 9.1 所示。

图 9.1 下拉式菜单

（2）快捷菜单

快捷菜单又称弹出式菜单，是为某一控件或对象提供功能操作的菜单。当用户在控件或对象上右击鼠标时，将弹出快捷菜单。快捷菜单中通常列出当前这个控件或对象可使用的操作命令。例如，在命令窗口区域右击鼠标，则弹出其快捷菜单，如图 9.2 所示。

图 9.2　快捷菜单

9.1.2　菜单设计步骤

在设计应用程序的时候，无论创建哪一种菜单，首先都要根据实际需要对应用程序的菜单进行规划与设计，明确需要多少个菜单及子菜单、每个菜单的标题以及需要完成的任务等，规划好后再进行菜单的设计。

在 VFP 中可以通过菜单设计器或编写代码两种方式设计菜单。使用菜单设计器创建下拉式菜单和快捷菜单的步骤大致相同，基本步骤如图 9.3 所示。

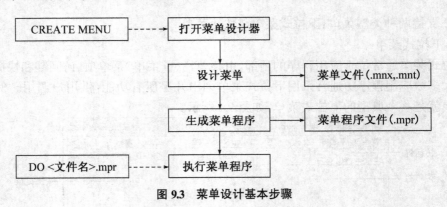

图 9.3　菜单设计基本步骤

9.1.3　配置系统菜单

在使用 VFP 过程中，可以通过命令对系统菜单进行设置，以便使某些系统菜单项隐藏

或显示出来,其语法格式如下:

　　　　SET SYSMENU ON|OFF|AUTOMATIC|TO DEFAULT|SAVE|NOSAVE

各选项的含义为:

◆ ON:程序中执行交互命令时显示系统菜单。

◆ OFF:程序中执行交互命令时不显示系统菜单。

◆ AUTOMATIC:使系统菜单显示出来,可以访问系统菜单。

◆ TO DEFAULT:将系统菜单恢复到默认配置。

◆ SAVE:指定系统菜单的当前配置为默认配置。

◆ NOSAVE:指定 VFP 系统菜单的最初配置为默认配置。

不带参数的 SET SYSMENU TO 命令将屏蔽系统菜单,使系统菜单不可用,系统仅显示与目前操作有关的菜单项。

9.2　下拉式菜单

下拉式菜单是一种最常见的菜单,VFP 提供了制作菜单的工具—菜单设计器,利用菜单设计器可以方便地设计菜单,提高应用程序的质量。

9.2.1　打开菜单设计器

无论建立或者修改已有的菜单,都需要打开菜单设计器窗口。打开菜单设计器的方法主要有以下两种方式:

(1) 创建方式

单击"文件"菜单或工具栏上的"新建"按钮,在弹出的"新建"对话框中选择"菜单"单选按钮,然后单击"新建"按钮。

也可采用命令方式创建菜单,语法格式如下:

　　　　CREATE MENU <菜单文件名>|?

创建菜单时,自动出现"新建菜单"对话框,如图 9.4 所示。此时若选择"菜单"按钮,将进入菜单设计器窗口,选择"快捷菜单"则会进入快捷菜单设计器窗口。

图 9.4　"新建菜单"对话框

(2) 修改方式

如果菜单已存在,则单击"文件"菜单或工具栏上的"打开"按钮,在弹出的"打开"对话框中选择文件类型为"菜单",然后在指定的目录中选择要修改的菜单文件。

也可以采用命令方式修改菜单,语法格式如下:

　　　　MODIFY MENU <菜单文件名>

9.2.2 菜单设计器窗口

打开菜单设计器后，首先显示和定义的是条形菜单，每一行用于定义当前菜单一个菜单项，包括"菜单名称"、"结果"和"选项"三列内容。另外，"菜单设计器"还有"菜单级"下拉列表框和一些命令按钮，如图9.5所示。

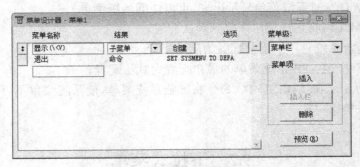

图 9.5 "菜单设计器"窗口

1. "菜单名称"列

该列指定菜单项的名称，也称为菜单标题。仅用于显示在屏幕上供用户识别，而并非菜单项的内部名。

输入菜单名称时，可以同时设置菜单项的访问键。设置方法是：在访问键字符前加上"\<"两个字符。则运行菜单时可以使用[Alt]键与该字母的组合键访问菜单项。例如，输入菜单名称为"显示(\<V)"，那么字母 V 即为该菜单项的访问键，如图9.5所示。

如果在输入子菜单项名称时，仅输入"\-"两个字符，则运行菜单时产生一条水平分组线。其功能是将子菜单的菜单项分为若干组。

注意：当"菜单级"为菜单栏时，不能使用分组线。

2. "结果"列

该列用于指定用户选择该项后进行的动作。"结果"列中有命令、子菜单、过程和填充名称或菜单项#四种选择。

（1）命令：表示此菜单项将执行一条 VFP 命令。选择此选项，列表框右侧将会出现文本框，用于输入选择此项后将执行的命令。

例如，图9.5中"退出"菜单项设置结果为"命令"，在文本框中输入命令"SET SYSMENU TO DEFAULT"。当运行菜单后，单击"退出"菜单项会恢复到 VFP 系统菜单状态。

（2）子菜单：表示此菜单项包含子菜单。选择此项，列表框右侧出现"创建"或"编辑"按钮，单击该按钮，可以创建或修改子菜单。

（3）过程：表示此菜单项将执行一段过程代码。选择此选项，列表框右侧将会出现"创建"按钮,点击此按钮将打开一个过程编辑窗口,可以在其中输入代码。

（4）填充名称或菜单项#：选择此选项,列表框右侧会出现一个文本框。可以在文本框内输入菜单项的内部名字或序号。若定义的菜单为条形菜单,该选项为"填充名称",应指定菜单项的内部名；若当前菜单为子菜单,该选项为"菜单项#",应指定菜单项的序号。

子菜单项的"菜单项#"可以指定为 VFP 系统菜单中某个菜单项的内部名,如"文件"菜单的"打开",内部名为_Mfi_Open,使应用程序菜单项与系统菜单项"打开"具有相同的功能。

3."选项"列

单击菜单项的"选项"按钮会出现"提示选项"对话框（如图 9.6 所示）,用来定义菜单项的相关属性。一旦定义过属性后,"选项"按钮上就会出现"√"符号。

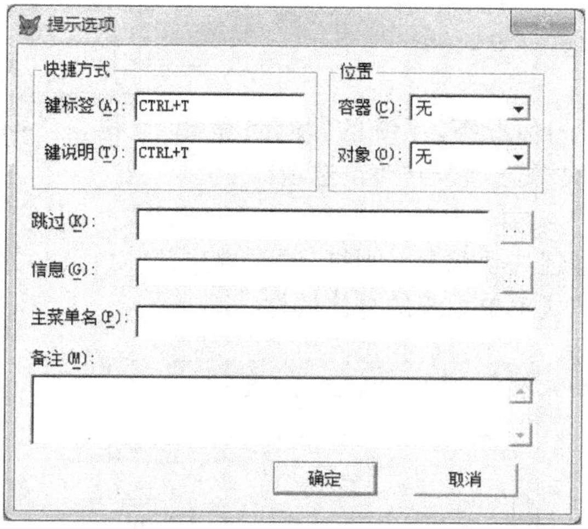

图 9.6　"提示选项"对话框

提示选项对话框主要设置菜单项的快捷键、所在的位置、是否启用、说明信息以及主菜单名和备注信息等。

（1）快捷方式：指定菜单项的快捷键,通常由 Ctrl 或 Alt 键与一个字母键组合而成。定义方法是：单击"键标签"文本框,然后在键盘上按下快捷键。例如,在键标签中直接按下Ctrl 和 T 字母键,则在"键标签"文本框就自动出现 Ctrl+T。

（2）跳过：用于定义菜单项是否可用的条件。在"跳过"文本框中输入一个逻辑表达式,由表达式的值决定运行菜单时该菜单项是否可用,系统默认菜单项可用。当菜单激活时,如果表达式的值为.T.,则对应菜单项不可用（灰色表示）；否则对应菜单项为可用。

（3）信息：定义菜单项说明信息。运行菜单时,当鼠标指向该菜单项时,此信息将显示在 VFP 的状态栏中。

（4）主菜单名或菜单项# ：指定主菜单项的内部名字或子菜单项的内部编号。如果不指定,系统将为主菜单或子菜单项随机地分配一个内部名或序号。如果两个菜单项具有相同的内部名或内部号,则这两个菜单项具有相同的功能。

4."菜单项"命令按钮

(1)"插入"按钮:在当前菜单项前增加一个新的菜单项。

(2)"插入栏"按钮:单击该按钮,将打开"插入系统菜单栏"对话框(如图 9.7 所示),选定所需要的菜单项,再单击"插入"按钮,则在当前菜单项之前插入一个标准的 VFP 系统菜单项。

(3)"删除"按钮:删除当前菜单项。

(4)"预览"按钮:预览菜单效果。

5."显示"菜单

在菜单设计器打开的情况下,系统的"显示"菜单下会出现两个菜单项:"常规选项"与"菜单选项"。

图 9.7　"插入系统菜单栏"对话框

(1)常规选项

单击"显示"菜单"常规选项"命令,则打开"常规选项"对话框,如图 9.8 所示。在此对话框中,可以定义整个下拉式菜单系统的总体属性。

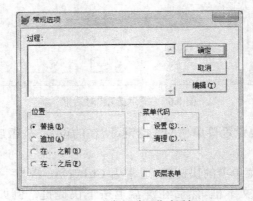

图 9.8　"常规选项"对话框

在"常规选项"对话框中,各选项的设置如下:

◆ 过程:为条形菜单中的菜单选项指定一个默认的过程代码。如果条形菜单中的某个菜单选项没有定义子菜单,也没有其他命令动作,那么当选择此菜单选项时,将执行这个默认过程。

◆ 位置:指明正在定义的菜单(也称程序菜单)与 VFP 系统菜单的位置关系。

　　"替换"：系统默认状态，用程序菜单替换系统菜单，即仅显示程序菜单项和与当前操作有关的 VFP 系统菜单项。

　　"追加"：将程序菜单添加到系统菜单之后。

　　"在…之前"：将程序菜单插入到系统菜单中指定的菜单项之前。

　　"在…之后"：将程序菜单插入到系统菜单中指定的菜单项之后。

　　◆ 菜单代码：在"菜单代码"下有"设置"与"清理"两个复选框。任意选择一个后，单击"确定"按钮后，都将打开一个代码编辑窗口。如果选择的是"设置"，那么这段代码将在菜单产生之前执行；若是"清理"，则将在菜单显示出来后执行。

　　◆ 顶层表单：如果选择此复选框，那么可以将正在定义的下拉式菜单添加到一个顶层表单中使用。

　　（2）菜单选项

　　单击"显示"菜单中的"菜单选项"，则打开"菜单选项"对话框，如图 9.9 所示。

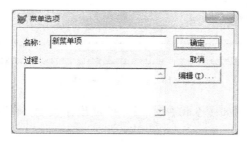

图 9.9　"菜单选项"对话框

　　在该对话框中可以为当前的条形菜单定义一个默认的过程代码。如果当前设计的是弹出式菜单，那么在对话框中还可以定义该菜单的内部名。

9.2.3　保存和运行菜单

　　1. 保存并生成可执行菜单程序

　　保存菜单的方法与保存其他文件方法相同。保存菜单后，将生成两个文件：菜单文件（.mnx）和菜单备注文件（.mnt），这两个文件均不是可以运行的文件。如果要运行菜单，则必须要生成菜单程序文件。

　　生成可执行菜单程序的方法：在菜单编辑状态下，执行"菜单"中的"生成"命令，就会生成菜单程序文件。菜单程序生成后将产生一个菜单程序文件，其扩展名为.mpr。

　　2. 运行菜单程序

　　（1）界面方式

　　在项目管理器中选中菜单文件，单击项目管理器窗口中"运行"按钮或选择"程序"菜单中的"运行"命令,在"运行"对话框中选择"文件类型"为"程序",然后选择或输入菜单程序文件名(.mpr),单击"运行"按钮。

(2) 命令方式

在命令窗口中执行菜单程序时,语法格式如下:

　　　DO <菜单文件名>.mpr

说明:执行命令时,菜单程序文件扩展名(.mpr)不能省略。

运行菜单前系统会对菜单进行编译,产生编译后会自动生成一个菜单程序文件,其扩展名为.mpx。

[例 9.1] 利用菜单设计器设计一个下拉式菜单,具体要求如下:

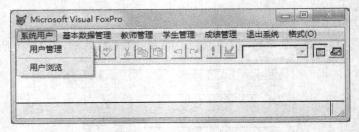

图 9.10　教学管理系统菜单

(1) 下拉菜单的菜单项如图 9.10 所示,其中"退出系统"菜单项的结果为将系统菜单恢复为标准设置。

(2) "系统用户"菜单包括"用户管理"、"用户浏览",并在两个菜单项之间加入一条分组线。

例 9.1 实现过程如下:

(1) 打开菜单设计器窗口,设置下拉菜单的菜单项,如图 9.11 所示。

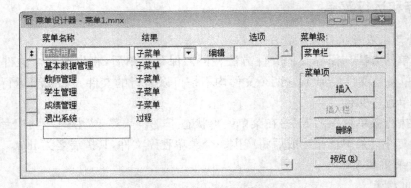

图 9.11　菜单项的设置

（2）在图 9.11 中选择"系统用户"菜单项，在"结果"中设置"子菜单"，然后单击右侧的"编辑"按纽，设计"系统用户"菜单项的子菜单，如图 9.12 所示。

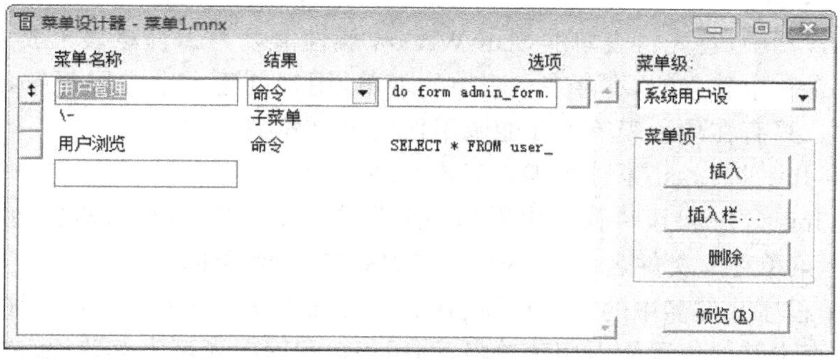

图 9.12 "系统用户"子菜单的设置

其中"用户管理"的"结果"列选择"命令"，在右侧文本框中输入命令语句如下：

> DO FORM admin.scx && 调用用户界面

同样"用户浏览"也选择"命令"，并输入命令语句如下：

> SELECT * FROM user_name && 执行查询语句，浏览用户信息

（3）在图 9.12 中的"菜单级"下拉组合框中选择"菜单栏"，返回上层菜单设计界面。

（4）设置"退出系统"菜单的"结果"列为"过程"，单击右侧出现的"创建"按纽，进入过程编辑窗口，输入以下过程代码：

> SET SYSMENU NOSAVE
> SET SYSMENU TO DEFAULT

将设计的菜单保存为菜单定义文件 mainmenu.mnt 和菜单备注文件 mainmenu.mnt，并生成菜单程序文件 mainmenu.mpr，然后执行菜单程序文件，其运行结果如图 9.10 所示。

9.3 顶层菜单

一般情况下，使用表单设计器创建的表单，是在 Visual FoxPro 主窗口中运行，故用户创建的菜单并不是运行在窗口的顶层。若要使菜单出现在顶层，则创建的菜单必须加载到某个表单上，即作为表单的顶层菜单。

在设计顶层菜单时，首先必须设置相关属性，然后在表单的相应事件中调用菜单程序。具体操作步骤如下：

1. 设置菜单属性

在下拉式菜单设计状态下，选择"显示"菜单中的"常规选项"命令。在打开的"常规选

项"对话框中,选定"顶层表单"复选框,使当前菜单程序成为表单中调用的菜单,则不能在 VFP 系统菜单中显示此菜单。

2. 设置表单属性

在表单设计器中,首先将表单的 ShowWindow 属性值设为 2,使该表单成为顶层表单。

顶层表单是一个独立的、不存在父表单的表单,用来创建一个应用程序,或作为其它子表单的父表单。只有在顶层表单中才能调用顶层菜单程序。

3. 在表单 Init 或 Load 事件中调用菜单程序

在表单的 Init 或 Load 事件代码中添加调用菜单程序的命令语句,语法格式如下:

        DO <菜单程序文件名.mpr> WITH THIS, .T. [,"菜单内部名"]

说明:菜单程序文件名中的文件扩展名(.mpr)不能省略。THIS 表示当前表单对象的引用。为了在程序中其他位置能引用菜单名,调用菜单程序时还可为菜单规定"菜单内部名"。

4. 在表单 Destroy 事件中清除菜单

在关闭表单时,在表单的 Destroy 事件中需要用命令清除菜单,释放其所占用的内存空间,其语法格式如下:

        RELEASE MENU <菜单内部名>

说明:菜单内部名是调用菜单时为菜单所起的名称。

[例 9.2] 将例 9.1 设计的菜单修改为顶层菜单,加载到一个表单上,如图 9.13 所示。

图 9.13 顶层菜单示例

例 9.2 实现过程如下:

(1) 打开 mainmenu.mnt 菜单设计器,选择"显示"菜单下的"常规选项"命令,在打开的"常规选项"对话框中,选中"顶层表单",然后重新生成菜单。

(2) 创建一个表单 main.scx,设置其 caption 属性为"教学管理系统",并在属性窗口设置 ShowWindow 为"2-作为顶层表单"。

(3) 在表单的 Load 事件代码中输入如下代码:

        DO mainmenu.mpr WITH THIS, .T.

(4) 保存并运行表单,运行结果如图 9.13 所示。

9.4 快捷菜单

对于一个应用程序来说，一个下拉式菜单系统列出了应用程序所具有的主要功能。而在某个应用程序界面中为了方便用户操作，通常需要利用快捷菜单来操作。

快捷菜单也称为弹出式菜单，它从属于某个应用程序操作界面，通常列出与处理该对象有关的一些功能命令。当用鼠标右键单击该对象时，就会在单击处弹出快捷菜单。

1. 快捷菜单的特点

（1）与下拉式菜单相比，快捷菜单只有弹出式菜单，没有条形菜单。

（2）快捷菜单一般从属于某个对象，通常只列出与对象有关的一些操作命令。

2. 建立快捷菜单

在图 9.4 所示的"新建菜单"对话框中单击"快捷菜单"，打开"快捷菜单设计器"。

设计快捷菜单的具体方法与设计下拉式菜单相似，快捷菜单文件扩展名及快捷菜单程序文件的生成过程与下拉式菜单都相同。

3. 调用快捷菜单

设计表单时，在对象的 RightClick 事件中添加以下命令：

    DO <快捷菜单程序文件名.mpr>

当执行表单时，鼠标右击该对象，便会弹出其快捷菜单。

4. 清除快捷菜单

设计快捷菜单时，选择"显示"菜单中的"常规选项"命令，在打开的"常规选项"对话框中选定"清理"复选框，然后在打开的"代码编辑"窗口中添加清除菜单命令：

    RELEASE POPUPS <快捷菜单名.mpr>

说明：当不再需要快捷菜单时应该及时清除菜单，释放其所占用的内存空间。

[例 9.3] 利用菜单设计器建立一个快捷菜单 menua，运行结果如图 9.14 所示。

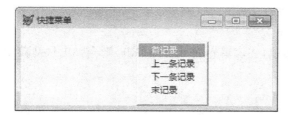

图 9.14 快捷菜单示例

例 9.3 实现过程如下：

（1）打开菜单设计器窗口，设置快捷菜单的菜单项，如图 9.14 所示。

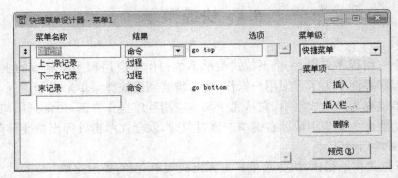

图 9.15　菜单项的设置

（2）快捷菜单各选项的名称和结果如表 9.1 所示。

表 9.1　菜单项的设置

菜单名称	结果	代码
首记录	命令	GO TOP
上一条记录	过程	IF !BOF() 　　SKIP -1 ENDIF
下一条记录	过程	IF !EOF() 　　SKIP ENDIF
末记录	命令	GO BOTTOM

（3）保存并生成菜单程序文件 menua.mpr。

（4）设计一个表单文件 forma.scx，修改标题属性 caption 为"快捷菜单"，并编写表单对象的 RightClick 事件代码如下：

　　　　DO menua.mpr

（5）保存并运行表单，在表单界面上右键单击，则会弹出快捷菜单，如图 9.14 所示。

习 题

一、选择题

1. 在项目管理器的_____选项卡中进行相应的操作可打开菜单设计器窗口。

   A. 数据　　　　　B. 文档　　　　　C. 类　　　　　D. 其他

2. 扩展名为.mnx 的文件是_____。

   A. 索引文件　　　B. 表文件　　　　C. 表单文件　　　D. 菜单文件

3. 保存完菜单定义后,运行菜单程序前必须要完成的一步操作是_____。

   A. 创建各级菜单　　　　　　　　B. 指定各菜单的任务

   C. 预览菜单　　　　　　　　　　D. 生成菜单程序文件

4. 如果菜单项的名称为"计算",访问键是 J,在菜单名称中应输入_____。

   A. 计算(J)　　　　　　　　　　B. 计算(Alt+T)

   C. 计算(\<J)　　　　　　　　　D. 计算(Ctrl+J)

5. 与下拉式菜单相比,快捷菜单_____。

   A. 只有弹出式菜单　　　　　　　B. 可能有条形菜单

   C. 既有弹出式菜单,也有条形菜单　D. 只有条形菜单

6. 有一个菜单文件 My.mnx,要运行该菜单,正确的操作是_____。

   A. 执行 DO My 命令

   B. 执行 DO MENU My.mnx 命令

   C. 先生成 My.mpr 文件,再执行 DO My.mpr 命令

   D. 先生成 My.mpr 文件,再执行 DO MENU My.mpr 命令

7. 在定义弹出式菜单时,单击"菜单设计器"窗口中的_____按钮,就会弹出一个列有 VFP 系统菜单项的对话框,用户可从中选择自己想要的菜单项。

   A. 插入　　　　　B. 插入栏　　　　C. 预览　　　　D. 菜单项

二、填空题

1. 在菜单设计器窗口单击某菜单项的_____列后,若在_____文本框中输入_____,则运行菜单时,该菜单项不可用(变灰色)。

2. 执行_____命令可将系统菜单恢复到默认配置。

3. 在"菜单名称"项中输入_____两个字符,则可以将菜单项进行分组。

4. 要使程序菜单能在表单中使用,必须在菜单设计器的_____对话框中将该程序菜单选择为_____,同时将表单的_____属性值设置为_____。

5. 在使用菜单设计器窗口设计菜单时,若某个菜单项所对应的操作需要用多条命令来

完成时,应该选中菜单设计器窗口_____列中的_____选项来添加这些命令。

6. 若要创建某个对象的快捷菜单,则应在该对象的_____事件代码中添加调用该快捷菜单程序的命令。

三、设计题

设计一个顶层表单 forma.scx(表单的标题为"统计信息"),然后创建并在表单中添加一个顶层菜单 mymenu.mnx,菜单程序的名称为 mymenu.mpr,如图 9.16 所示。

图 9.16   设计的顶层菜单

1. 分别为"统计"和"退出"菜单设置访问键。

2. "统计"命令下设计"学生人数"和"教师人数"两个菜单项,其功能都通过执行过程来完成。

3. "学生人数"的功能是从 department 表和 student 表中统计各学院学生人数,并将统计结果保存到"学生人数.dbf"中,统计结果包括学院名称,学生人数。

4. "教师人数"的功能是根据 teacher 表统计全校教师人数,统计结果显示在屏幕上。

5. 菜单命令"退出"的功能是释放并关闭表单。

第10章 应用程序的开发

本章将介绍数据库应用系统的组织结构以及开发的一般流程;应用程序开发实例。

10.1 应用系统的组织与开发

Visual FoxPro 数据库应用系统的开发从需求分析开始的,如用户要求的主要功能、数据库的大小、单用户还是多用户等。

10.1.1 应用系统开发的基本步骤

使用计算机进行系统开发时一般采用软件工程的方法,即使用工程的概念、原理、技术和方法来开发和维护软件,其目的是提高软件质量,降低成本。对数据库管理系统来说也不例外,在开发一个应用系统之前,还需要进行问题定义、可行性研究、需求分析等过程。

在进行需求分析和系统总体设计之后,有了系统的功能定义和解决方案,就可以进行数据库应用系统的开发,一般包括以下步骤。

1. 数据库和表的设计

数据库和表的设计是根据数据库系统所要存储和处理的各种数据、数据的类型、数据所要表示的实体以及实体之间的相互联系,按照数据库设计的基本原则和关系模型的规范化要求,设计数据库中表的数量和各表的结构。

数据库设计是系统设计的第一步,其关键在于确定所需的数据表结构并为之建立索引,设计表间的关系。一般步骤是:

(1) 确定需要的表。把信息分成各个独立的主题,每个主题对应于一个数据表。

(2) 确定所需的字段。确定在每个数据表中要保存哪些信息,每个信息为一个字段。

(3) 确定数据表之间的关系。

2. 类的设计

Visual FoxPro 提供了可视化的面向对象程序设计的强大功能,它具有以下优点:

(1) 使应用程序有更紧凑的代码。

(2) 在应用程序中可更容易地加入代码,使用户不必精心确定方案的每个细节。

(3) 减少了不同文件代码集成为应用程序的复杂程度。

面向对象程序设计基本是一种包装代码,代码可重用,而且维护起来容易,其中最主要的包装概念被称为类。

3. 表单设计

表单是系统设计和制作的主要工具,是系统的输入输出接口,几乎所有用户界面都是由表单来完成,同时还可使用表单控制系统的流程,而用户的每个操作也都是通过它作用于整个系统。

在 Visual FoxPro 中每一个表单都是由不同的对象以某种方式组合而成的。为了简化表单的设计,可在设计表单之前,先按照设计的需要设计好具有一定功能的类,再根据需要把类拖到表单上。

4. 报表设计

一个好的数据库管理系统,除了方便的输入方式和完备的数据处理功能之外,还需要报表输出功能。在 Visual FoxPro 中可以使用报表向导或报表设计器来完成报表的设计。

5. 菜单设计

设计完善的菜单是确保应用程序易于使用的关键,设计菜单系统时,主要考虑的是用户使用是否方便,因此要根据所执行的任务来组织菜单系统而不是根据应用程序的层次结构来组织,为每一个菜单指定一个有意义的标题,并按功能相近的原则将菜单进行分组。

6. 程序调试

程序设计完成后,要对其进行测试,发现错误并解决它。为了能及时准确定位错误,可利用 Visual FoxPro 提供的调试器工具来进行调试。

7. 连编应用程序

将系统的各功能制作完毕并调试无错后,可将项目连编成应用程序或可执行程序,使系统成为一个整体,可执行程序还可以使系统在 Windows 环境下直接执行。

10.1.2　项目文件的连编与运行

连编是将项目中所有的文件编译在一起,这是应用系统开发都要做的工作。在这里先介绍与连编有关的两个重要概念。

1. 主文件

主文件是项目管理器的主控程序,是整个应用程序的起点,即用户运行应用程序时,Visual FoxPro 先启动该主文件,其他可运行的组件模块文件由该主文件直接或间接调用。它可以是程序文件(.prg)、菜单文件(.mpr)或某一表单文件(.scx)。通过主文件可以将应用程序的各组件有机地组合起来。

2. 包含和排除

"包含"是指应用程序的运行过程中不需要更新的项目,主要有程序、图形、窗体、菜单、报表和查询等。

"排除"是指已添加在项目管理器中,但又在使用状态上被排除的项目。通常,允许在程序运行过程中随意地更新它们,如数据表。对于在程序运行过程中可以更新和修改的文件,应将它们修改成"排除"状态。

指定项目的"包含"和"排除"的方法是:在项目管理器上,先选中要设置的文件,再选择"项目"菜单中的"包含/排除"命令;或者通过单击鼠标右键,在弹出的快捷菜单中,选择"包含/排除"命令。

3. 连编应用程序

连编应用程序就是将项目管理器上所有的资源文件,如数据库、视图、查询、表单、报表、菜单以及类等信息集成在一起,形成可执行的应用程序。

在连编应用程序时,首先应该确定系统的所有资源都包含在项目中,将一些无用的文件清理出项目,并设计一个主文件作为应用程序的入口。在连编时,项目管理器能够自动查找应用程序调用的所有模块,并将它们组装到一起,编译成一个可以交付最终用户使用的软件。

在 Visual FoxPro 系统主菜单下,选择"项目"菜单中的"连编"命令,或者在项目管理器中单击"连编"按钮,弹出如图 10.1 所示的对话框。

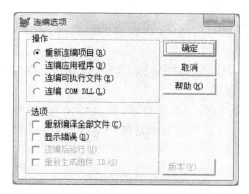

图 10.1　"连编选项"对话框

在"连编选项"对话框中,"操作"有 4 种可选项。

(1)重新连编项目:将重新建立项目文件的内容,即重新整理与建立项目管理器所管理的文件。

(2)连编应用程序:编译成一个 APP 文件,该文件必须在 Visual FoxPro 环境下才能执行。

(3)连编可执行文件:编译成一个 EXE 文件,该文件在脱离 Visual FoxPro 环境下能够独立执行。

(4)连编 COM DLL:使用项目文件中的类信息创建一个动态链接库(.dll),供其他应用程序使用。

4. 运行应用程序

应用程序连编后,若要运行该应用程序,可以从"程序"菜单中选择"运行"菜单项,然后选择要执行的应用程序文件;或者在命令窗口中输入命令语句,其语句格式如下:

  DO <应用程序文件名>

对于可执行程序文件,还可以在 Windows 中,双击相应的程序文件(.exe)的图标。

10.2 应用程序开发实例

在本节中,将以一个简单的数据库应用系统"教学管理系统"为例,结合前面章节所介绍的基本知识和设计方法,介绍使用 Visual FoxPro 开发数据库应用系统的基本过程和步骤。

10.2.1 教学管理系统主要功能

"教学管理系统"需要处理与教学相关的各类数据,包括学院、课程、教师、学生以及成绩等数据。该系统主要有以下功能:

(1) 数据维护:包括系统用户、学院、课程、班级、教师、学生以及成绩等数据的录入、修改、删除等。

(2) 数据查询:查询用户信息、教师信息、教师任课信息、学生信息、学生所在班级信息、学生选课信息、学生成绩信息等。

(3) 数据输出打印:各种数据的输出打印,如教师信息、教师任课信息、学生信息、学生所在班级信息、学生成绩信息,班级各课程成绩信息等数据打印。

10.2.2 系统总体设计

本系统利用 Visual FoxPro 6.0 作为开发工具,设计了若干个表单、程序、报表和一个菜单,由项目管理器统一管理。系统功能结构如图 10.2 所示。

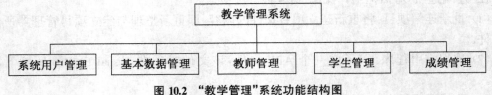

图 10.2 "教学管理"系统功能结构图

10.2.3 建立项目管理器

在确定了系统的总体设计思想后,需要建立一个"Hyit.pjx"项目文件,它能使系统开发过程中的文件、数据、文档等得到高效有序的管理。具体建立方法参见第 1 章。本系统建立的项目管理器如图 10.3 所示。

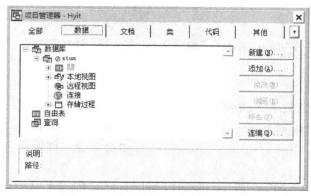

图 10.3　"教学管理系统"的项目文件

另外，建立一个"D:\教学管理系统"文件夹，用来存放该项目生成的所有文件。

10.2.4　数据库设计

根据数据分析，在教学管理系统中需要处理的数据是与学生和教师相关的各类数据信息，包含学生、教师、课程、成绩、学院、班级等多个实体集，各实体集之间存在联系，如第 1 章所述，采用 E-R 图分析和描述这些实体及其联系，得出系统中数据的概念模型，进而设计出数据库及数据表。

在本系统中设计了一个数据库文件"stum.dbc"，数据库中主要的数据表及其表结构见附录。数据库中数据表之间的关联关系如图 10.4 所示。

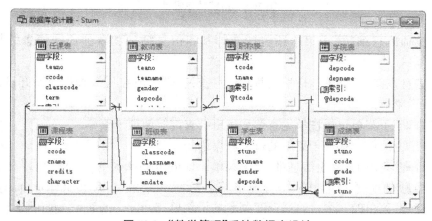

图 10.4　"教学管理"系统数据库设计

10.2.5　系统功能设计

下面给出本系统其中的几个主要功能模块的建立过程,其余模块读者可参照完成。

1. 主文件

设计一个程序文件"main_prog.prg"为主文件,其主要语句如下:

```
set talk off
clear all
set defa to d:\教学管理系统              && 设置默认路径
do form admin_login.scx                  && 调用登录界面
read events                              && 建立事件循环
return
```

说明:利用 Visual FoxPro 进行应用程序设计时,必须创建事件循环。事件循环由 read events 语句建立,clear events 语句终止。read events 语句一般放在主文件中执行主表单或者主菜单的语句之后,clear events 语句放在一般主表单或主菜单的退出项中。

2. 主菜单

一个良好的数据库应用系统程序中,菜单起着组织协调其他对象的关键作用。本系统利用可视化菜单设计工具设计教学管理系统主菜单程序文件"mainmenu.mpr",主菜单的结构如图 10.5 所示。

系统用户	基本数据管理	教师管理	学生管理	成绩管理	退出系统
用户管理	院系信息管理	教师信息维护	学生信息维护	成绩录入	
用户浏览	班级信息管理	教师信息查询	学生信息查询	成绩查询	
	课程信息管理	教师信息打印	学生信息打印	成绩打印	

图 10.5　系统菜单设计

其中"教师信息维护"子菜单还包括教师基本信息维护和教师任课信息维护两项子菜单;

"学生信息查询"子菜单包括学生基本信息查询、学生所在班级查询以及开设课程情况查询等三项子菜单;

"成绩查询"子菜单包括按学生查询和按班级查询等两项子菜单。

下面给出主菜单中部分子菜单的过程调用语句:

"学生管理"菜单的"学生信息维护"子菜单: do form student_form.scx

"学生信息查询"子菜单中的"学生基本信息查询"子菜单: do form student_query.scx

"学生管理"菜单的"学生信息打印"菜单的子菜单: do form student_report.scx

"成绩管理"菜单的"成绩查询"菜单的子菜单: do form student_sscore_query.scx

"退出系统"菜单的过程：

```
clear events            && 清除事件循环
close all               && 关闭所有文件
quit
```

为了将主菜单程序添加到主表单上，在设计菜单时，还要通过 Visual FoxPro 系统"显示"菜单的"常规选项"将其设为"顶层表单"。

3. 主表单

在登录表单中调用了主表单（main. scx），在该表单上显示系统主菜单。其运行时的界面如图 10.6 所示。

图 10.6　系统主菜单

主界面具体的设计及操作步骤如下：

（1）创建表单界面

打开表单设计器，设计一个空表单。

（2）设置对象属性值

设置主表单的 Caption 属性为：教学管理系统，并设置表单的 showwindow 属性初始值为 2。

（3）编写事件代码

为了使主菜单在启动时自动添加到主表单上，必须在主表单的 load 事件过程中来调用菜单程序文件，代码如下：

```
DO mainmenu.mpr WITH THIS, .T.
```

4. 学生信息维护模块

学生信息维护主要实现学生基本信息的输入、修改、删除等功能的操作，如图 10.7 所示。

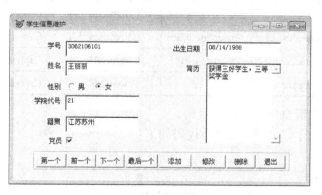

图 10.7　学生信息维护界面

设计过程如下：

（1）新建一个表单，并命名为"student_form.scx"。

（2）在表单设计器窗口上右击，在弹出的快捷菜单中选择"数据环境"命令，向表单中添加学生表（student）。

（3）在表单上添加七个标签控件、五个文本框控件，再添加编辑框控件、选项按钮组、复选框控件和命令按钮组各一个。

（4）打开"属性"窗口，设置表单和控件的相应属性，如表 10.1 所示。

表 10.1　表单及控件属性设置

对象	属性	值	对象	属性	值
Form1	Caption	学生信息维护	Edit1	Controlsource	Student.resume
Label1	Caption	学号		ButtonCount	2
Label2	Caption	姓名	Optiongroup1	ControlSource	Student.Gender
Label3	Caption	性别		BorderStyle	0
Label4	Caption	学院代号	Option1	Caption	男
Label5	Caption	籍贯	Option2	Caption	女
Label6	Caption	出生日期	Commandgroup1	ButtonCount	8
Label7	Caption	简历	Command1	Caption	第一个
Text1	Controlsource	Student.stuno	Command2	Caption	前一个
Text2	Controlsource	Student.stuname	Command3	Caption	下一个
Text3	Controlsource	Student.depcode	Command4	Caption	最后一个
Text4	Controlsource	Student.birthplace	Command5	Caption	添加
Text5	Controlsource	Student.birthdate	Command6	Caption	修改
Check1	Controlsource	Student.party	Command7	Caption	删除
	Alignment	1-右	Command8	Caption	退出

（5）打开代码编辑窗口编写事件代码。

Command1 控件的 Click 事件，事件代码如下：

```
GO TOP
this.enabled=.F.
thisform.commandgroup1.command2.enabled=.F.
thisform.commandgroup1.command3.enabled=.F.
thisform.commandgroup1.command4.enabled=.F.
```

```
    thisform.refresh
Command2 控件的 Click 事件,事件代码如下:
    IF !BOF()
      SKIP -1
        thisform.commandgroup1.command3.enabled=.T.
        thisform.commandgroup1.command4.enabled=.T.
      ELSE
        thisform.commandgroup1.command1.enabled=.F.
        this.enabled=.F.
      ENDIF
      Thisform.refresh
Command3 控件的 Click 事件,事件代码如下:
    IF !EOF()
      SKIP
        thisform.commandgroup1.command1.enabled=.T.
        thisform.commandgroup1.command2.enabled=.T.
      ELSE
        this.enabled=.F.
        thisform.commandgroup1.command4.enabled=.F.
      ENDIF
      Thisform.refresh
Command4 控件的 Click 事件,事件代码如下:
    GO BOTTOM
      thisform.commandgroup1.command3.enabled=.F.
      this.enabled=.F.
      thisform.commandgroup1.command1.enabled=.T.
      thisform.commandgroup1.command2.enabled=.T.
      thisform.refresh
Command5 控件的 Click 事件,事件代码如下:
    IF this.caption="添加"
      this.caption="保存"
        APPEND BLANK
        GO BOTTOM
    ELSE
```

```
        this.caption="添加"
    ENDIF
    thisform.refresh
Command6 的 Click 事件代码如下:
    thisform.refresh
Command7 的 Click 事件代码如下:
    IF MESSAGEBOX("真的要删除该记录吗?",4+32,"请确认")=6
        DELETE
        PACK
        GO BOTTOM
    ENDIF
    Thisform.refresh
Command8 的 Click 事件代码如下:
    Thisform.release
```

2. 学生信息查询模块

数据查询表单,是用户进行数据检索的一个窗口,学生信息查询提供了四种查询方式:按学号、姓名、籍贯和出生日期进行查询,如图 10.8 所示。

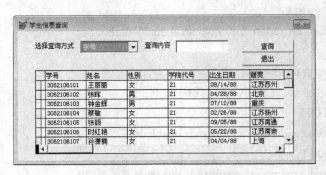

图 10.8　学生信息查询界面

设计过程如下:

(1) 新建一个表单,并命名为"student_query.scx"。

(2) 在表单设计器窗口上右击鼠标,在弹出的快捷菜单中选择"数据环境"命令,向表单中添加学生表(student)。

(3) 在表单上添加两个标签控件、两个命令按钮控件和文本框控件、组合框控件、表格控件各一个。

(4) 打开"属性"窗口,设置表单和控件的相应属性,如表 10.2 所示。

表 10.2　表单及控件属性设置

对象	属性	值
Form1	Caption	学生信息查询
Label1	Caption	选择查询方式
Label2	Caption	查询内容
Combo1	Style	2-下拉列表框
	Rowsourcetype	1-值
	Rowsource	学号,姓名,籍贯,出生日期
Grid1	Recordsourcetype	1-别名
	Recordsource	学生表
Command1	Caption	查询
Command2	Caption	退出

（5）打开代码编辑窗口编写事件代码。

Command1 控件的 Click 事件,事件代码如下：

```
    IF !EMPTY(thisform.text1.value)
       DO CASE
       CASE   thisform.combo1.value="学号"
           set filter to alltrim(stuno)=alltrim(thisform.text1.value)
       CASE   thisform.combo1.value="姓名"
           set filter to alltrim(stuname)=alltrim(thisform.text1.value)
       CASE   thisform.combo1.value="籍贯"
           set filter to alltrim(birthplace)=alltrim(thisform.text1.value)
       CASE   thisform.combo1.value="出生日期"
           set filter to alltrim(birthdate)=ctod(alltrim(thisform.text1.value))
       ENDCASE
    ELSE
       =MESSAGEBOX ("请设置查询条件",48,"查询提示")
    ENDIF
    thisform.refresh
```

Command2 控件的 Click 事件代码如下：

```
    Thisform.release
```

3. 学生信息打印模块

该模块实现学生基本信息输出打印功能,如图 10.9 所示。

图 10.9　学生信息打印界面

设计过程如下:

(1) 新建一个表单,并命名为"student_report.scx"。

(2) 在表单设计器窗口上右击鼠标,在弹出的快捷菜单中选择"数据环境"命令,向表单中添加学生表(student)。

(3) 在表单上添加一个表格控件、三个命令按钮控件。

(4) 打开"属性"窗口,设置表单和控件的相应属性,如表 10.3 所示。

表 10.3　表单及控件属性设置

对象	属性	值
Form1	Caption	学生信息打印
Grid1	Recordsourcetype	1-别名
	Recordsource	学生表
Command1	Caption	打印预览
Command2	Caption	打印
Command3	Caption	退出

(5) 打开代码编辑窗口编写事件代码。

Command1 控件的 Click 事件,事件代码如下:

    report form student_report_1 preview

Command2 控件的 Click 事件,事件代码如下:

    report form student_report_1 to printer

Command3 控件的 Click 事件，事件代码如下：

　　　Thisform.release

（6）保存表单

4. 学生成绩查询模块

该模块实现学生选课成绩的查询和输出功能，该模块按学生的学号查询每位学生的选课以及成绩信息情况，并可以输出打印该学生的成绩信息，如图 10.10 所示。

图 10.10　学生成绩查询界面

设计过程如下：

（1）新建一个表单，并命名为"student_sscore_query.scx"。

（2）在表单上添加一个标签控件、一个文本框控件、三个命令按钮控件和一个表格控件。

（3）打开"属性"窗口，设置表单和控件的相应属性，如表 10.4 所示。

表 10.4　表单及控件属性设置

对象	属性	值
Form1	Caption	学生成绩查询
Label1	Caption	学号
Command1	Caption	查询
Command2	Caption	成绩输出
Command3	Caption	退出

（4）打开代码编辑窗口编写事件代码。

Form1 的 Init 事件代码如下：

　　　SELECT 学生表.stuno 学号, 学生表.stuname 姓名,;

课程表.cname 课程名, 成绩表.grade 成绩;

FROM stum! 学生表 INNER JOIN stum! 成绩表 INNER JOIN stum! 课程表;

ON 课程表.ccode=成绩表.ccode ON 学生表.stuno=成绩表.stuno INTO CURSOR temp

thisform.grid1.columncount= - 1

thisform.grid1.recordsourcetype=1

thisform.grid1.recordsource='temp'

Command1 的 Click 事件代码如下：

```
    IF len(alltrim(thisform.text1.value))=0
        =MESSAGEBOX ("请输入学生的学号",48,"查询提示")
    return
    ELSE
        ***********根据学号查询学生的课程成绩信息，并将成绩信息显示在表格中
        SELECT 学生表.stuno 学号, 学生表.stuname 姓名,;
        课程表.cname 课程名, 成绩表.grade 成绩;
        FROM stum!学生表 INNER JOIN stum!成绩表 INNER JOIN stum!课程表;
        ON 课程表.ccode=成绩表.ccode ON 学生表.stuno=成绩表.stuno;
        WHERE alltrim(学生表.stuno)==alltrim(thisform.text1.value);
        INTO CURSOR temp3
        SELECT temp3
        thisform.grid1.columncount= - 1
        thisform.grid1.recordsourcetype=1
        thisform.grid1.recordsource='temp3'
    ENDIF
```

Comannd2 的 Click 事件代码如下：

```
    IF EMPTY(thisform.text1.value)
        =MESSAGEBOX ("请输入学生的学号",48,"提示信息")
        return
        ELSE
        report form student_sscore_report;
        for alltrim(stuno)==alltrim(thisform.text1.value) preview
    ENDIF
```

Command3 控件的 Click 事件，事件代码如下：

```
    Thisform.release
```

5. 学生基本信息报表

学生基本信息报表设计过程如下：

（1）新建一个报表，并命名为"student_report_1.frx"。

（2）打开"数据环境窗口"，将学生表（student）添加到数据环境中。将需要的字段从数据环境中拖到报表设计器的细节带区中，并调整各对象的大小和外观。增加标题带区，并设置报表标题和打印日期，如图 10.11 所示。

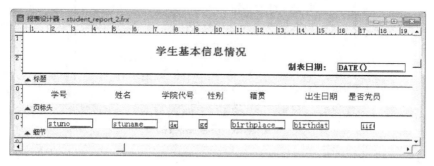

图 10.11　学生基本信息报表设计

在学生信息打印表单（student_report.scx）中，单击"打印预览"调用该报表程序，结果如图 10.12 所示。

学号	姓名	学院代号	性别	籍贯	出生日期	是否党员
3062106101	王丽丽	21	女	江苏苏州	08/14/88	是
3062106102	张晖	21	男	北京	04/28/88	是
3062106103	钟金辉	21	男	重庆	07/12/88	否
3062106104	蔡敏	21	女	江苏扬州	02/26/88	否
3062106105	张颖	21	女	江苏南通	09/05/88	否

图 10.12　学生信息报表预览

10.2.6　项目的管理

数据库及各个组件建立好后，通过项目管理器把它们组织起来。另外还要为该项目指定一个主文件。最后，在运行前对它们进行"连编"。

1. 主文件的建立

主文件是应用系统的入口。每个应用系统都只能包含一个主文件。在系统主菜单下，选择"项目"菜单中的"设置主文件"命令或者在项目管理器中右击该文件,在弹出的快捷菜单中选择"设置主文件"命令,将程序 main_prog 设置为系统启动的主文件,如图 10.13 所示。

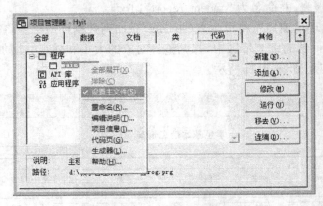

图 10.13　设置主文件

2. 连编应用程序

应用程序创建完后,如果要在没有安装 Visual FoxPro 环境的平台上直接运行,则需要将其连编成可执行文件(.exe)。

操作步骤如下:

(1) 打开应用程序项目(Hyit.pjx),在项目管理器中选择主文件后,单击"连编"按钮,出现如图 10.14 所示的"连编选项"对话框。

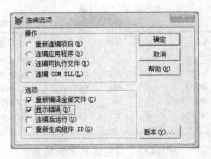

图 10.14　连编可执行文件

(2) 在"连编项目"对话框中选择"连编可执行文件"单选按钮,"重新编译全部文件","显示错误",最后单击"确定"按钮,生成可执行文件。

习　题

1. 数据库应用系统的开发一般有几个步骤?
2. 如何将应用程序设计中完成的各种文件组装在项目中?
3. 连编应用程序时,设置文件的"包含"和"排除"有何意义?
4. 连编时,生成哪两种格式的应用程序? 它们有什么不同?

附录：本书使用的数据库表结构

1. 学生表（student）

表 1　学生基本信息表（student）表结构

字段名	数据类型及宽度	是否可取空值	索引类型	含义
Stuno	C(10)	否	主索引	学号
Stuname	C(8)	否		姓名
Gender	C(2)	否		性别
Depcode	C(2)	否	普通索引	学院代号
Birthpalce	C(12)	否		籍贯
Birthdate	D	否		出生日期
Party	L	否		党员
Resume	M	可		简历
Photo	G	可		照片

2. 成绩表（sscore）

表 2　成绩表（sscore）表结构

字段名	数据类型及宽度	是否可取空值	索引类型	含义
Stuno	C(10)	否	普通索引	学号
Ccode	C(7)	否	普通索引	课程代号
Grade	N(5,1)	否		成绩

3. 课程表（course）

表 3　课程表（course）表结构

字段名	数据类型及宽度	是否可取空值	索引类型	含义
Ccode	C(7)	否	主索引	课程编号
Cname	C(20)	否		课程名称
Credits	N(3,1)	否		学分
Depcode	C(2)	否	普通索引	开设学院代号
Character	C(10)	否		课程性质
Examway	C(4)	否		考试方式

4. 教师表（teacher）

表 4　教师表（teacher）表结构

字段名	数据类型及宽度	是否可取空值	索引类型	含义
teano	C(5)	否	主索引	教师工号
teaname	C(8)	否		姓名
Gender	C(2)	否		性别
Depcode	C(2)	否	普通索引	学院代号
Birthdate	D	否		出生日期
worddate	D	否		工作日期
endate	D	否		进校日期
tcode	C(2)	否	普通索引	职称代号
education	C(4)	否		学历
resume	M	可		简历

5. 学院表（department）

表 5　学院表（department）表结构

字段名	数据类型及宽度	是否可取空值	索引类型	含义
depcode	C(2)	否	主索引	学院代号
depname	C(22)	否		学院名称

6. 班级表(sclass)

表 6   班级表(sclass)表结构

字段名	数据类型及宽度	是否可取空值	索引类型	含义
classcode	C(8)	否	主索引	班级编号
classname	C(10)	否		班级名称
subname	C(20)	否		专业名称
endate	D	否		入学时间

7. 任课表(instructor)

表 7   任课表(instructor)表结构

字段名	数据类型及宽度	是否可取空值	索引类型	含义
teano	C(5)	否	普通索引	教师工号
ccode	C(7)	否	普通索引	课程编号
classcode	C(8)	否	普通索引	班级编号
term	D	否		学期

8. 职称表(title)

表 8   职称表(title)表结构

字段名	数据类型及宽度	是否可取空值	索引类型	含义
tcode	C(2)	否	主索引	职称代号
tname	C(12)	否		职称名称

参考文献

[1] 刘金岭,冯万利,张有东.数据库原理及应用[M].北京:清华大学出版社,2012.

[2] 陈志泊.数据库原理及应用教程(第 3 版)[M].北京:人民邮电出版社,2014.

[3] 曾庆森.Visual FoxPro 程序设计基础教程[M].北京:清华大学出版社,2010.

[4] 蔡庆华.Visual FoxPro 程序设计教程[M].北京:清华大学出版社,2010.

[5] 严明,单启成.Visual FoxPro 教程[M].苏州:苏州大学出版社,2010.

[6] 邹显春,李盛瑜,张小莉.Visual FoxPro 程序设计教程(第 2 版)[M].重庆:重庆大学出版社,2014.

[7] 金春霞,张海艳.全国计算机等级考试培训教程(二级 Visual FoxPro)[M].北京:中国铁道出版社,2014.

[8] 康萍,刘小冬.Visual FoxPro 数据库应用[M].北京:清华大学出版社,2007.

[9] 刘卫国.Visual FoxPro 程序设计教程[M].北京:邮电大学出版社,2005.